崧燁文化

學習物件導向系統開發的六門課

Six courses to successful learning the objected
oriented information system development

序

　　系統分析是國內資管與資工科系在大學時，必修的課程，其目的是希望學生在修完課業後，能自行針對不同的系統需要，執行必要的分析與設計，並利用建立模型，跟客戶與接下來的程式師做進一步的分析確認。然後使用常見的架構來實作模型，以提高實作時成功的機會，同時在實作的過程中，因為有多位程式師的參與，所以如何使大家寫程式的方式能有一致性，以利往後的程式維護。最後當然要將程式好好的測試一番，如此才能有成功上線的可能。成功上線是一個軟體在一開始開發時的唯一目標，可是卻是在系統分析的課程中最被忽略的目標。

　　以上所描述的是真實在軟體業界的人，每天都在面對與奮戰的實務情境，但是將這樣一連串的實務內容實際放到國內的系統分析或甚至軟體工程的教科書來看，我們幾乎很難看到有任何一本教科書能運用足夠複雜度的範例，來探討這樣一連串的實務發展。這實在是台灣軟體教育的一個大遺憾。

　　本人自 1998 年 UCLA 資工所博士畢業後，在美國的軟體業從事實務發展工作約七年，然後 2004 年回到台灣的中央大學資管系任教，到今天已經八年多了。本人執教的科目主要是研究所的軟體工程，中央資管研究所的學生很多都已經是國內大學所訓練出來的菁英了，可是在上軟體工程時，還是常常覺得同學們在大學時系統分析的基本功頗為不足。

　　曹永忠博士曾經是本人的博士生，他在台灣的軟體業服務多年，具有充足的軟體實務成功經驗，當他在博士班修習本人的軟體工程課程時，即嶄露其充足的軟體實務經驗，同時在討論中，我們也都感覺到台灣國內軟體教育在系統分析實務上的不足。

　　當時我們的結論是至少要先有一個運用足夠複雜度的範例，來探討軟體發展中，由系統需求到測試這一連串的實務發展。這個範例要能夠展現在這序列的發展中所會遇到的許多棘手的問題，並使用範例來說明解決這些棘手問題的原則。

各位讀者現在所看到的這本書就是曹永忠博士與本人在這個實務方向的努力成果，我們希望這個拋磚引玉的書本能夠給讀者許多啟發，並能夠使讀者對發展軟體系統的實務更快上手，不要大學或研究所讀完了，居然連一個頗具複雜度的軟體案例都沒做過。

　　各位讀者，如果你是自詡為資管或資訊專業的人，而連一個頗具複雜度的軟體案例都沒做過，那我會推薦您好好地讀完本書的這些例子，把書中的模型圖自己好好畫一畫，體會一下，這樣至少您可以跟別人講，您有做過一個夠複雜的軟體專案了。而如果您是奮力了許久，跌跌撞撞才學會軟體分析與發展實務的，也請您花些時間，看看這本書的案例分析，看看是否您如果早點看到這本書，就可以省下許多寶貴的青春了，如果是，還請您多多推薦本書給需要的人。

許智誠　　於中壢雙連坡中央大學　　2013

目 錄

序 2

目 錄 4

    故事源起 7

    故事的開始 8

需求探勘 10

    專案的形成 12

    第一次需求訪問 14

    第二次需求訪問 16

    第三次需求訪問 18

    第四次新需求訪問 23

    章節小結 28

分析與設計 29

    眾多的需求 30

    利用個案圖抽象化作業流程 31

    相同的個案圖合併方法 36

    使用個案圖把整個系統建立出來 38

    使用作業流程圖勾畫出整個系統架構 40

    章節小結 44

資料塑模 45

    需求和資料的差異 46

    系統化原有的使用個案案例書 47

    資料的形成過程-資料概念設計 50

    一對多主檔產生過程 54

儲存的行為與衍生行為之資料塑模..59

儲存資料同步與被驅動行為..62

章節小結..63

資料流程..65

軟體的核心..66

透過系統化使用個案案例書找出作業清單..67

資料流程圖形成過程..71

活動圖形成過程..75

資料類別建構一般法則..78

資料類別圖形成過程..80

透過作業流程分析產生資料類別圖..82

章節小結..85

程式設計規格書..87

程式規格書需求的關鍵原因..88

程式設計規格書的與系統分析文件的分野..90

程式設計規格書的分類..90

類別/模組之程式設計規格書..91

共用介面模組程式設計規格書..96

人機互動系統介面之程式設計規格書..98

章節小結..105

軟體測試..106

什麼是測試？測試的目標是什麼？..108

軟體測試的目標..109

測試的種類..112

軟體測試案例書的設計..118

人機互動系統畫面型測試..118

整合測試的軟體測試案例書的設計........................121

章節小結..125

作者介紹..127

參考文獻..128

故事源起

　　許多客戶面對日益壯大的企業版圖，原有的作業流程，存在著許多人工作業與簿記的方式。面對原有企業規模，本當應付有餘，面對越來越嚴苛的經濟環境，規模經濟的甜果與自動化的誘惑，越來越多的企業主不得已面對產業升級與全球化強大趨勢，似乎 e 化成為唯一可以解套的途徑。

　　央聯連鎖超商正是面對這個衝突下一個典型的企業，目前央聯連鎖超商在全國已有 12 家商店，也正在擴大展店之中。其公司目前所有分店都是以一般電子收銀機的方式營業運作，其分店進貨、補貨、退貨、帳款等作業都是透過電子收銀機進行日結作業，再透過紙本庫存管理，於每日對帳後進行補貨、退貨等作業。主要訂貨都是運用人工整理訂單，再傳真到總公司進行補貨。

　　目前央聯連鎖超商現行的作業方式，面對擴大展店的壓力，現有的作業已呈現窘境，聯連鎖超商黃總經理已深知企業面對非改不可浪潮之下，這個故事就這樣開始…..。

故事的開始

軟央資訊科技公司是一家具有 20 年以上軟體開發實戰經驗的軟體開發廠商，主要開發領域以進銷存與 POS 系統為主要的業務。陳大同專案經理是一位具 20 年以上開發經驗的研發主管，最近公司擴大業務招進一批 IT 新鮮人，由於以往軟體開發案例中，運用物件導向的系統分析與設計的軟體專案佔總開發案例的比率不高，是陳經理鑑於未來公司必定全然走向 N Tier 與 Web-Based 的應用系統為主要開發技術。為了讓企業技術層次轉型，加上公司大部分系統分析與設計的文件都是以結構化分析為主，便希望以此批 IT 新鮮人為轉型種子設計師，為公司創造一個物件導向開發典範。

正當轉型的時期，公司接到一個軟體開發專案：客戶為『央聯連鎖超商』，目前全國已有 12 家商店，目前正在擴大展店之中。其公司目前所有分店都是以一般電子收銀機的方式營業運作，其分店進貨、補貨、退貨、帳款等作業都是透過電子收銀機進行日結作業，再透過紙本庫存管理，於每日對帳後進行補貨、退貨等作業。主要訂貨都是運用人工整理訂單，再傳真到總公司進行補貨。

12 家央聯連鎖超商直接隸屬於央聯連鎖超商總公司，目前公司以直營型態運作，未來希望擴大展店之後，除了直營店擴展之外，希望增加家盟體系，透過希望開店店主加盟央聯連鎖超商總公司，大量進行加盟展店的作業。

然而目前央聯連鎖超商總公司面對 12 家直營的央聯連鎖超商，由於大部份的作業都是人工方式作業，總公司可以運用的人力與資源已經面臨窘境。

所以央聯連鎖超商黃總經理希望能夠將央聯連鎖超商總公司企業 e 化，透過整體 e 化的資訊科技，讓公司大量的人工作業簡化到必要的階段，並透過 e 化與企業流程再造提升整個企業的競爭力。

在偶然的機會下，央聯連鎖超商黃總經理在軟央資訊科技公司陳經理的產品發表會上，見到了整個 e 化帶來的管理效益，所以黃總經理希望軟央資訊科技公司陳經理可以替央聯公司進行 e 化，並進行整體的營運軟體開發專案，來解決目前企業迫切的問題。

1

CHAPTER   需求探勘

如果您的客戶對系統內容一無所知，本章節會教您

如何一步一步對客戶的需求進行探勘，幫助您瞭解客戶

真實的需求。

以往軟體專案開始都是以需求分析開始，隨著數十年來 IT 技術成長迅速，產業 IT 與 R&D 的人才隨著教育的普及，也漸漸達到需求的平衡，早期進入軟體產業的人才也都累績足夠的經驗與實力，大部份也都勝任到開發主管以上的階級。

這樣的環境之下，軟體產業面對類似的開發專案，都是運用之前的系統設計基礎與開發經驗，直接進入 coding 階段。因為主管的經驗中，整個系統的架構、系統分析與設計都了然於心中，只要透過之前的程式規格書，甚至做口頭的修改就開始 coding。

面對這樣的開發環境與產業現況，新進的軟體新鮮人，永遠沒有太多機會接觸基礎性、系統性的需求分析，進而讓這些人才，其系統分析與設計的能力只停留在學校學理的階段。

本書運用一個產學合作的進銷存的案子，演示軟體公司的專案經理如何透過系統化的步驟，一步一步帶一批 IT 新鮮人，將客戶的需求導引出來，並把這些模糊的需求內容，如何階段性的精粹化之後，成為一個邏輯化的系統分析與設計。

專案的形成

央聯連鎖超商黃總經理見識到軟央資訊科技公司陳經理的產品發表展示 e 化帶來的管理效益，黃總經理心理想到，企業似乎有了新的希望，於是央聯連鎖超商黃總經理希望軟央資訊科技公司陳經理，可已透過 e 化與建立新的資訊系統，來解決目前企業迫切的問題。於是這個營運軟體開發專案就這樣開始。

於是陳大同專案經理針對這批 IT 新鮮人組成了一個『央聯專案』的開發小組並進行研發訓練計畫，陳經理擔任專案經理與計劃主持人，負責整個專案的成敗，並透過專案實際進行『研發訓練計畫』，一面進行物件導向的系統分析與設計之訓練課程，並以實務開發過程為演練的場合進行教授物件導向的系統分析與設計之理論與實務。

表 1 央聯物件化軟體開專案成員編制表

階段	目標	角色名稱	擔任人物
整個專案	完成物件導向方式的開發	專案經理	陳大同
需求分析	從央聯連鎖超商目前企業營運模式與當前作業模式，透過需求探勘的方式進行系統需求的探索，並透過 Iterative 的方式將模糊的需求精粹成使用案例書。	系統架構師 系統分析師	陳大同 李先生 4 人
系統分析	將所探求出的使用案例書，透過物件化行為準則找出每一個 Use Case，再利用 Bottom Up 的方式，建立應用系統架構圖，進而分析出企業作業流程	系統分析師 系統分析師	李先生 4 人 張先生 4 人

	與資料模型。		
系統設計	將分析所得的電腦作業流程與資料模型，轉成系統物件圖與系統流程圖，最後轉成程式設計規格書	系統分析師 系統分析師	李先生 4 人 張先生 4 人
程式設計	將程式設計規格書分派程式設計師群進行開發，若有規格書錯誤，跳回系統設計進行設計變更，並將完成的各系統模組進行測試與整合，直到系統通過 α 測試與 β 測試。並同步進行說明書的撰寫與輔導教育訓練計畫。	系統分析師 程式設計師 測試工程師 教育訓練師	張先生 2 人 程先生 n 人 施小姐 4 人 徐小姐 4 人
輔導上線	將發展完成的系統交付企業主，並對企業主、使用者、與主管進行各自類型的訓練，並試行系統直到正式上線。	系統分析師 程式設計師 測試工程師 教育訓練師	張先生 2 人 程先生 2 人 施小姐 2 人 徐小姐 4 人
系統維護	客戶若在操作上有疑問，負責回答客戶問題，並可收集客戶使用問題與滿意度等回饋整個研發團隊，並定期到客戶處了解升級與新需求	教育訓練師 輔導工程師	徐小姐 1 人 史小姐 x 人

第一次需求訪問

軟體開發團隊到了央聯連鎖超商分店,專案陳經理就說,需求分析會因客戶公司的不同,有不同的手法。以央聯連鎖超商公司為例,雖然我擁有近似流程之系統開發經驗與類似之系統樣式,基於訓練前提,我將不會跟您們說要如何向客戶相關人員詢問問題的方法,更不會直接將我的經驗來解答需求,一切都要靠您們基本的方法來探索。

所以專案陳經理命令系統分析師李先生先行觀察,自行了解客戶需求並進行分析。

開始分析

系統分析師李先生等經過一系列的實地基本觀察與訪談,得到了以下的需求(因篇幅有限,所以列舉一個主要案例流程為主)

表 2 第一次需求訪問內容表

序	觀查或訪問所得(A 表)	受訪問者
1	Q:您們需要一個進銷存與 POS 系統嗎 A:當然需要啊	店員
2	Q:您們需要用條碼系統嗎?客戶用條碼機就馬上可以結帳,您們並不需要記住產品類別與銷售分類就可以結帳 A:這真是太完美的一件事	店員
3	Q:您們補貨常需要用一本筆計本,因為無法知道那種產品每日銷售多少,也必需靠記憶與印象,來補貨	店員或店長

	A:沒錯，而且有點麻煩	
4	Q:您們目前店裡只有一本筆計型電腦，用來補貨與了解一天銷售的明細與加總。 A: 沒錯，而且有點麻煩。	店長

Q 表問題，A 表回答

　　系統分析師李先生在訪談之後，將表 1 中第一次需求訪問內容表提報給陳經理，陳經理看完之後提到：系統分析師李先生在整個訪談中，產生重點失焦與嚴重模糊的問題，已至於需求訪問內容表無法明確的鋪成出作業流程，落於一般作業人員想法上的論述，為了讓系統分析師李先生一行人能夠更明確的找到問題，提出了訪談要遵循下列法則：

1.　　針對系統目標(要完成的作業)的關聯物件、作業人員與相關主管，針對作業上過程所發生的所有動作進行觀察、記錄，並且必須訪問主要作業人員，不可以由非主要作業人員回答問題。

2.　　訪談過程要針對所有的關聯人物(客戶、作業人員…等)，對於其參與作業過程的詳細內容予以詳加記錄。

3.　　了解以上作業問題後，詢問客戶公司作業人員對於該作業訂出名稱與作業上上下游的關係與環節。

4.　　詢問客戶公司作業人員，若 e 化後大概可能得到那些結果(解決作業)與並了解那些人受益(減少工作)。

第二次需求訪問

　　系統分析師李先生根據以上法則再次到客戶央聯超商總店進行觀察與訪問，有了第一次的經驗之後，針對客戶的問題，會找出更符合客戶想法的方式，詢問作業狀況與關聯人物，並得到表 3 的內容：

表 3　作業內容表

序	事件名稱(結帳作業) (B 表)	事件關聯人物
1	Q:請問這個作業主要的目的與目前使用狀況。 A:客戶選完他(她)要的物品後，必需通過的作業，就是結帳，主要是依據貨品上的類別數字與價錢兩個資料打入收銀機，發票機就會印出該貨品，重覆動作直到所有貨品都輸入完畢後，幫客戶打包，收取總結金額後給與發票與放行。	店員 客戶
2	Q:那有沒有臨時不買，或結完後再加買 A:臨時不買的貨品取出櫃台，並用退貨鍵來貨品上的類別數字與價錢兩個資料後，則目前收銀機上的累計金額會少去這個金額，並且發票也會印出退貨一字後在印貨品資訊。 A:結完後再加買會當成一筆新客戶，重覆所有結帳作業，但使用人工作業並用計算機加總後，告訴客戶最後累加的總金額。	店員 客戶
3	Q:那結帳作業平常您門還會遇到那些情形。 A:不買，補買或不買，分開結帳，貨品標籤不清或忘了貼	店員 客戶
4	Q:一天營業後，結帳會作任何作業	店長

A:1.清算實收金額，計算總金額。

　2.收銀機每班結帳單與每天總結帳單分批比對與加總比對。

　3.記錄短收、超收的金額。

　4.記錄一天銷售分類與加總情形

Q 表問題，A 表回答 (以一個作業流程為主)

系統分析師李先生在第二次訪談，將表 3 中作業內容表提報給陳經理，陳經理看完之後提到：這次的訪談與第一次訪談比較上，基本上已抓到一個作業之主要重點與整個流程的角色重點。

但是針對將表 3 的內容，仍存在下列的問題點，已至於無法了解過程之中流程(以後稱事件)的作業人員所扮演的角色，並且在事件之中針對面對的問題，訪談的深度不夠，仍需更深入去了解整個流程與面對的問題。

為了讓系統分析師李先生能夠更明確的深入問題，提出了深度訪談中要遵循的法則：

1. 一個主要完整的流程(就是可以完成一個功能性或流程中完整的目標)，必須先說明這個事件中在企業整體流程中扮演的位置。

2. 針對一個大事件，可以分成哪些連串的小事件，在針對每一個小事件，在每一個事件階段了解關聯角色所作的作業、工作、責任、面對問題與解決問題，並考慮關聯角色那個作業時點加入、那個時點退出。若有分歧點的事件，要特別列出在哪種特殊狀況產生，並找出分歧的成立與不成立條件與相對條件下所面臨的事件。

3. 相關事件中，若是在主題事件中有產生對應流程或狀況，則將其事件歸屬到各個子事件中。

4. 相關的事件若是在主題事件中不產生，而是上下游的關係，則在相關
   流程之中標註連到那個事件。

5. 為整個主題事件命名，並給與短的代碼，其子事件加上『．』來當作連
   接字元，如 A1.1.2 為 A1 主題事件下第一個子事件下的第二個子事件。

第三次需求訪問

　　系統分析師李先生為了明確化每一個系統分析師中事件的詳細內容，根據以
上法則再次到客戶央聯超商總店進行關連事件的觀察與訪問，有了第二次的經驗
之後，針對已存在的事件問題，找出關聯的子事件與上下游關聯事件，並針對產
生之相關事件，也詢問相關作業狀況與關聯人物，並得到表 4 的內容：

表 4　關聯事件表

序	事件名稱(A1 結帳作業) (C 表)	事件關聯人物
1	Q:請問這個作業主要的目的。 A:本作業是客戶在選完所有產品之後，要離開商店時必需一定要經過的一道關卡，結帳作業完畢後客戶就離開商店，結束購物。 E:A1.1 由店員啟動結帳。 定位到資料區預備列印。 E:A1.2 客戶拿起貨品，目視貨品標籤後，輸入貨品資訊， E:A1.3 每輸入一筆資料，發票機就印一筆資料 。 E:A1.4 重覆此動作直到貨品全部清空。	店員 客戶

	E:A.1.5 結帳結束，印出總結金額與顯示金額於收銀機客戶顯示幕。 E:A1.8 客戶付清款項。 E:A1.9 交付貨品與發票，等待下一客戶。 PS.針對E類子事件在深入詢問，把整個事件找出。	
2	Q:請問客戶在一開始的時後有那些事情。 A:確定收銀機工作中，並確定發票安裝好與有發票存在中，因不同等級的客戶有不同的折扣，請客戶拿出代表客戶等級的客戶卡，並將卡號輸入，假如沒有客戶卡，代表臨時客戶，一律沒有折扣。 E:A1.1.2 請客戶出示會員卡，以決定客戶折扣與消費累績金額。 E:A1.1.3 確認收銀機工作中。 E:A1.1.4 發票安裝好與有發票存在中。 E:A1.1.5 輸入卡號，確認本筆結帳的折扣。 B:A1.1.5.1 若客戶沒有會員資格，輸入臨時客戶卡號，則本筆帳款無折扣與累算到臨時的資料。 E:A1.1.6 輸入臨時客戶卡號，則本筆帳款無折扣與累算到臨時的資料。	店員 客戶
3	Q:請問每一筆結帳作業之中，所作的事件有那些。 A:客戶選完它要的物品後，必需通過必要的作業，就是結帳，主要是依據貨品上的類別數字與價錢兩個資料打入收銀機，發票機就會印出該貨品，重覆動作直到所有貨品都輸入完畢後，幫客戶打包，收取總結金額後給與發票與放行。	店員 客戶

E:A1.2.1 店員拿起貨品,目視貨品標籤後,輸入貨品 2 字元的類別碼。 E:A1.2.2 接續輸入貨品單價 E:A1.2.3 累加貨品金額到累加金額 E:A1.2.4 顯示累加的金額於客戶顯示螢幕 E:A1.3.1 每輸入一筆資料,發票機就印一筆資料 E:A1.3.2 若店員按下小結,發票印出小結資訊 B:A1.3.6 若發票已到尾邊,發票跳頁到下一張起始處 E:A1.4 重覆此動作直到貨品全部清空 E:A.1.5 結帳結束,印出總結金額與顯示金額於收銀機客戶顯示幕。 E:A1.8 客戶付清款項。 E:A1.8.1 若須找錢,則找正確金錢給客戶。 E:A1.9 交付貨品與發票,等待下一客戶。 E:A1.9.1 需打包、包裝要幫客戶服務。 E:A1.9.2 由店員完畢結帳。	
4 Q:結帳過程會有那些非一般作業程序 A:客戶臨時不買的貨品店員回將貨品取出櫃台,若有結帳完就用退貨鍵來貨品上的類別數字與價錢兩個資料後,則目前收銀機上的累計金額會少去這個金額,並且發票也會印出退貨一字後在印貨品資訊。 E:A1.4.1 客戶提出不要剛才的貨品。 E:A1.4.2 店員拿起貨品,目視貨品標籤後,輸入貨品 2 字元的類別碼。 E:A1.4.3 接續輸入貨品單價。	店員 客戶

E:A1.4.6 每輸入一筆退貨資料，發票機就印一筆退貨資料。	
E:A1.4.7 累減金額。	
E:A1.4.8 顯示退後減去的金額。	
Q:剛結帳就退貨呢。	
A:剛輸入客戶貨品後，發票印出後，客戶後悔不買貨品。	
E:A1.3.7 直接按下退貨鍵。	
E:A1.4.8 每輸入一筆退貨資料，發票機就印一筆退貨資料。	
E:A1.4.9 累減金額。	
E:A1.4.10 顯示退後減去的金額。	
4 Q:結帳後加購商品的作業程序。 A:因為結帳程序已完成，所以會重覆 A1 的所有動作。 M:A1.1 用計算機合併金額後收錢。	店員 客戶
5 Q:那結帳作業平常您門還會遇到那些情形。 A:不買，補買或不買，分開結帳，貨品標籤不清或忘了貼 M:A1.2.1 未結帳不買，取回貨品到架上。 M:A1.2.2 結帳後不買，另開一結帳，整批用退貨方式輸入成一單據，但是發票用銷退單發票。 E:A1.3 分開結帳，用重覆 A1 的所有動作。 M:A1.2.9 貨品標籤不清或忘了貼就請店員去原擺貨區看	店員 客戶
6 Q:一天營業後，結帳會作任何作業。	店長

A:1.清算實收金額，計算總金額。2.收銀機每班結帳單與每天總結帳單分批比對與加總比對。3.記錄短收、超收的金額。4.記錄一天銷售分類與加總情形

M:A9.1　清算金額

E:A9.2　列印收銀機等金額

E:A9.2.1　列印收銀機等金額

E:A9.2.2　列印發票機等金額

E:A9.2.3　金額與打錯、作廢、誤打等所有差異加起比對是否有差異

B:A9.5　金額有差。

B:A9.5.1　金額有差，但在少量金額，如數十元。

B:A9.5.2　配合 B:A9.5.1 用金錢短溢計錄與相關作業。

B:A9.5.3　金額有差，但金額很多，如數百數千以上元，重新核對，並找出問題。

B:A9.5.4　如發票問題，可能是忘了退，或誤打。

E:A9.5.5　列印發票明細與收銀機明細逐筆對帳。

B:A9.5.6　收銀機差很多。

E:A9.5.7　列印發票明細與收銀機明細逐筆對帳。

B:A9.5.9　收銀機與發票一樣，金額差很多。

E:A9.5.10　重新查驗金額，一天三班都有結算，找出在那班差異，可以調出錄影帶看是否偷錢。

S:A9.6.　若有竊盜或強劫，報警處理與以營業外損失處理。

Q 表問題，A 表回答，E:表子事件，M:人工作業，S:特殊例外，B:表判斷條件

系統分析師李先生在第三次訪談後，將表4中關聯事件表提報給陳經理，陳經理看完之後提到：這次的訪談與第二次訪談比較上，基本上已抓到一個作業之關聯的事件與上下流程關聯事件的重點。

陳經理針對本次的訪談分析內容，高興得說到：『這可以說是一個物件化的作業訪談，但是沒有提到：如果有新的系統要導入變更他們的作業之中，他們的需要是什麼。您們仍以表4(C表)為規範來再次訪談』。

第四次新需求訪問

為了明確化每一個系統分析中，事件的詳細內容，系統分析師李先生再次到客戶央聯超商總店在度訪問與觀察，並根據原有作業中，面對新的系統要導入之下，現行的作業會面對哪些作業變更，進行第四次的需求訪談，並將內容列表於表5之中：

表5 事件化需求表

序	事件名稱(A1 結帳作業) (D 表)	事件關聯人物
1	Q:若有新系統開發，請問這個作業可以改的地方為何。 A:客戶卡號希望不用打，輸入貨品可以用條碼，出貨單與發票可以同時出帳。 R:A1:客戶卡片可以使用條碼機。 R:A1.1 若客戶卡片已有條碼，則不需更換。 R:A1.2 若客戶卡片無條碼，則更換為有條碼或可內含晶片卡，可以累積點數。 R:A1.3 更換發票機與出貨單的機械合一為平台式點陣列	店員 客戶

	表機。	
2	Q:請問結帳作業可以改進的地方。 A:輸入貨品要輸入兩種資訊，且許多貨品常忘了貼標籤，退貨要重新輸入，是否可以簡化。 R:A1.2.1 使用條碼讀取器讀取商品本身條碼就可一次輸入一項商品。 R:A1.2.2 按下退貨鍵，使用條碼讀取器商品本身條碼就可一次輸入一項退貨商品。 R:A1.2.3 加入數量鍵，購買或退貨都可以使用條碼讀取器商品本身條碼就可一次輸入一項購買或退貨商品。 R:A1.2.4 生鮮或本身無條碼商品，使用條碼機列印商品編號之條碼貼紙，進貨時補貼條碼	店員 客戶
3	Q:使用條碼是否可以把類別，編號、品名，與客戶累積金額與升級等級一次搞定，特價商品不打折。 R:A1.2.5 商品條碼貼紙，本身在系統產品資料中就包含所有以上資訊。 R:A1.2.6 在特價檔有建檔之產品或免稅等產品不會啟動折扣功能。 R:A1.2.7 累加貨品金額到客戶的購買記錄與更新總購買累加金額。 R:A1.2.8 退貨、換或換貨也會累加減貨品金額到客戶的購買記錄與更新總購買累加金額。 R:A2.1.1 建立完整產品資料的資料檔。 R:A2.2.1 建立客戶基本資料檔。 R:A2.2.2 建立客戶等級折扣檔。	店員 客戶

4	Q:列印發票與出貨單的功能。	客戶
	A:對於一般客戶只印發票檔，大宗客戶方列印。	店員
	R:A1.3.1 系統列印客戶資訊與發票購買明細表。	店長
	R:A1.3.2 系統列印客戶資訊與出貨單明細表。	

Q 表問題，A 表回答，R:表需求 (以一個作業流程為主)

經過四次以上的大小訪談後，針對作業流程的觀查與紀錄，陳大同經理終於發現開發團隊已經可以漸漸了解，如何有效進行需求分析的過程。並可以有效的整理出企業作業流程中產生的事件與角色，基於物件導向系統分析與設計方法論之下，必須將原有的作業流程與期望的功能予以說明清處，並強調必需包含以下三種流程：

1. 企業運作流程
2. 企業作業流程
3. 系統事件流程

把以上三種流程透過需求分析給予探勘出來，在進行下一階段的工作。整個團隊到這個階段，陳經理又說雖然把每一個流程編碼與說明出來，但是希望大家把整個資料，轉成物件導向中的需求導引出來(Requirement Elicitation)，整個概念就是利用使用案例(Use Case)的方式把上面整個資料，找出以下需求：

1. 功能性需求
2. 非功能性需求
3. 完整性、一致性、清晰性與正確性。
4. 可實踐性與可追溯性

為了讓開發團隊可以整體出更專業的物件導向系統分析文件，陳經理透過『使用案例書』攥寫方法(Bittner & Spence, 2003; Cockburn, 2001; Leffingwell & Widrig, 2003; Rosenberg, 1999; Rosenberg & Scott, 2001)，將『結帳作業』的整理如下：

表 6 結賬作業使用案例書

使用案例名稱：結賬作業使用案例書

■ 版本:V1.0

■ 填表人：陳大同、李先生四人

■ 商業流程編號：A1

■ 行為者：客戶、店員、店長

　　　　■ 內容概述：本案例描述客戶結帳情境。

　　　　■ 目的：客戶購買物品結帳完程

■ 先決條件：客戶已完成商品選購，並有購買商品，預備離開

■ 後置條件：客戶必需付清款項。

■ 觸發事件：客戶選購完畢貨品，準備離開前必須要的結帳作業

■ 完成後產出：

　　1.付清款項

　　2.客戶累積消費更新。

■ 主要流程：

　　1.客戶攜帶選購完畢的商品到櫃台。

　　2.出示客戶會員卡將有折扣與累績點數升級等或沒有使用會員卡。

　　3.使用條碼機讀入客戶卡號，找出客戶資料並找出折扣數。若無卡則讀取櫃台上的臨時卡，並無折扣。

---

4. 拿取貨品，使用條碼機讀入商品條碼，依產品特性與折扣數進行金額計算，並累進結帳金額，顯示畫面給客戶看。

5. 重覆 4 的動作直到所有商品讀取過條碼與計算過金額。

6. 顯示客戶應付金額，請客戶付款。

7. 客戶付款，給與發票並將購買金額與轉換點數記入客戶卡號。

■ 替代流程：

1. 若客戶未加入會員，請使用會員系統，新增客戶資料後並發放卡片後在進行結帳。

2. 退貨可用退貨鍵後，在用條碼機讀入商品條碼，可退貨並重算累積金額。

3. 換貨可用退貨流程後，在用商品購買流程合用。

4. 補貼或貼生鮮等商品對應條碼。

5. 所有商品結帳商品購買流成完畢，客戶不購買，可使用結帳取消件。

6. 分開結帳用多次的結帳流程。

7. 誤打或多打與少打，在打包時可在確認後，補打『商品購買』與『退貨』等作業補正。

8. 折扣金額會根據客戶等級的折扣數與條碼機讀入商品條碼後，比對促銷資料檔與特別類別檔(免稅、特殊費率等)進行計算每筆金額。

9. 如 A1 結帳作業完畢，客戶退貨或付款失敗，則用訂單取消作業，並訂單購買金額與轉換點數會修正到客戶卡號。

10. 發票的點陣列表機也會套表判斷頁尾，跳至新頁並列印客戶與上頁累計金額。

■ 輔助說明：

1. 若登入角色為店員，只可以結帳一般作業。

2. 若登入角色為店長，則可用結帳非正常的作業(退訂單)，與其它管理功能與作業。

3. 本作業無法修改單價與客戶任何資訊。

章節小結

整個軟體開發專案進展到此階段，已含蓋了大部份軟體工程中『需求管理』精華部份。文中並不一開始就說明『使用案例書』攥寫方法(Cockburn, 2001)，因為許多的教科書中就是用這樣的鋪敘法，產生許多讀者在閱讀軟體工程教科書之後，雖然可以寫出漂亮的使用案例書，但是針對真實需求分析中，產生許多的需求與關聯，卻無法完整與正確的將之放入使用案例書之中，這是許多讀者直接攥寫『使用案例書』，但是針對使用案例書對應的資料如何產生，仍然欠缺許多的訓練與知識。

相對地，本文攥寫方式，透過一步一步，真實的訪談中，逐步推展出流程、事件、角色、關連等內容，希望這樣的方法可以讓 IT 新鮮人的眼睛能為之一亮，進而能把需求管理的分析方法了解。

2 CHAPTER

分析與設計

軟體開發人員完成系統需求探勘後，面對如何將需求的藍圖轉換成系統的架構，展現給客戶，成為刻不容緩的問題，本章將一步一步導引讀者如何建構軟體模型屋。

當軟體專案成員在需求探勘之後，一定會得到一大堆的使用個案案例書，而這些使用個案案例書則是代表：使用正規化表示法來表達整個企業營運上與作業程序上的需求文件。對於這樣的文件，IT 新鮮人的確無法輕易的轉化成企業應用系統的架構圖，也無法向企業主黃總經理報告整個系統的功能性架構，進而展示未來 e 化資訊系統的整體功能，是否滿足企業營運面與作業面的需求。

筆者運用物件化的特性，透過 Bottom Up 的手法，來建立應用系統的架構的藍圖，並可以讓企業主看到未來系統的軟體概念模型屋，透過軟體概念模型的手法，進而得到企業高階主管的支持與企業資源的投入，方能讓軟體開發專案邁向成功之路。

眾多的需求

軟體開發經過了需求探勘之後，產生了一大堆的使用個案案例書，而這些使用個案案例書則是代表企業營運上與作業程序上的需求文件。身為系統分析與系統設計(SA/SD:System Analysis & System Design)成員李先生與張先生等人，面對如此多的『使用案例書』，每一個文件都如表 7 所示，開發團隊眾人了解客戶央聯超商企業流程與作業，但是眾多且詳細的文件，同樣也模糊了軟體開發團隊的焦點。

軟體開發到了這個階段，IT 新鮮人的確無法輕易的將這些眾多的文件轉化成企業應用系統的架構圖，更無法將堆積如山的使用個案案例書向企業主黃總經理報告，轉化成整個系統的功能性架構，成為開發團隊棘手的問題。

表 7 需求探勘後所得的使用案例書清單

案例名稱	目的	行為者	產出
清掃作業	清結架位與貨品	店員	貨品整齊
上架作業	將貨品上架	店員、供應商	貨品上架
進貨作業	將訂購貨品清點，準備上架	店員、供應商	貨品到店
退貨作業	將訂購錯誤或有問題的貨品退還廠商	店員、供應商	貨品離店
補貨作業	將臨時缺貨，加訂貨品	店員、供應商	貨品
換貨作業	將有問題的貨品退還並給予一個可用的貨	店員、供應商	貨品離店到店
架上盤點作業	清查貨架上的貨是否與帳面數字相同	店員	會計損益
會計年度盤點作業	依會計年度進行貨品數量盤點	店員、店長	會計損益
貨品報廢	因貨品失去原有正確的品質，如杯子破	店員	庫存、會計
結帳作業	客戶選購完畢後，要離店時必須將貨品結算	店員、客戶	庫存、收益
更多的案例….			

(簡略清單，並沒有列舉出全部資料)

利用個案圖抽象化作業流程

軟體開發團隊陳大同專案經理見到了系統分析與設計人員遇到了困境，為了不讓軟體開發進度滯延，就對專案開發團隊說明：由於系統架構大部分都是以人為主，透過人做事的流程對應方式，找出主要流程與主要角色。

為了能夠將眾多『使用個案案例書』，可以架構性描述出企業細節流程的狀況，也同時描述了流程中情境與角色的交互關係，這時後我們可以運用統一塑模語言(Unified Modeling Language : UML)中的使用個案圖（Use Case Diagram）的手法(Bittner & Spence, 2003; Booch, Rumbaugh, & Jacobson, 1999; Cockburn, 2001; Fowler, 2004; Leffingwell & Widrig, 2003; Medvidovic, Rosenblum, Redmiles, & Robbins, 2002; Rosenberg, 1999)，來逐步分解龐大且眾多的使用個案案例書，一步一步將流程與需求抽象出來，進而串接出整個軟體系統架構。

首先我們以進貨作業這個案例，在圖 1 中可以見到三個角色參與進貨作業的流程。

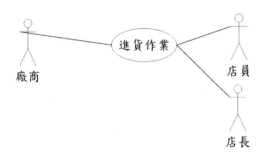

圖 1 進貨作業簡單個案圖

整個『進貨作業』使用一個橢圓型的圖示來表達，而進貨作業的使用者則分布在雙邊，用人形圖示來表達，對於使用者在左邊或右邊，並沒有一定的絕對規範，基本法則上是以作業使用者於右邊，則與之對立或交易角色則位於不同的一邊。

如店員與店長都是同一類的使用者，則歸類在同一作業，所以列於同一邊，一般擺於右方，而另一方則將參與進貨作業，把貨品提供給連鎖店面，為作業中交易的角色，則放在左方。大部份主動的角色都置於左方居多，企業作業或管理的角色則居右方居多，但這是經驗與習慣，並非 UML 的絕對限制。

在系統分析階段中，開發團隊可以使用圖 1 所展示的使用個案圖，來為每一個使用個案案例書建模，如圖 1 所示，抽象與簡化進貨作業的使用個案案例書，則此抽象化使用個案圖就可以表示整個進貨作業程序。

所以我們就可以把所有的使用個案案例書都轉化成每一個(或一個以上)對應的使用個案圖(Use Case Diagram)來抽象化作業流程。由於使用個案案例書太過於巨細靡遺，再轉換作業中，可以發現許多使用個案案例書轉化之使用個案圖(Use Case Diagram)會發現非常多的重複圖表，原因是詳細的作業流程抽象化的常見現象，請各位讀者不用感到驚訝！

本階段主要任務就是將需求探勘所得到的使用個案案例書，一步一步進行抽象化，轉化成對應的使用個案圖(Use Case Diagram)，並透過相同的作業的使用個案圖(Use Case Diagram)，將作業之中的使用者進行聯集，避免相同與重複出現的使用者，進而找出更加完整的使用個案圖(Use Case Diagram)。

系統分析階段主要工作除了上述使用個案案例書轉化使用個案圖(Use Case Diagram)，並彙整為更加完整的使用個案圖(Use Case Diagram)，如此就可以把所有流程之中，各自轉化成每一個使用個案圖(Use Case)，在轉換過程之中，透過第一章表 6 中，其中『先決條件』、『後置條件』與『觸發事件』進而將整個流程前後次序關係連結。惟有將所以大大小小的作業流程之間的前後次序關係連接出來，便可以開始把相同的作業範圍的使用個案圖(Use Case Diagram)聚合起來，產生一個較大範圍的子系統。

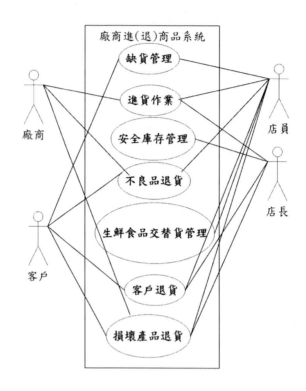

圖 2 相近流程合併作業.

由圖 2 所示，我們把所有共同或相近的流程合併為一個流程組合。這時候會發現許多問題，這是對於物件導向需求分析時常見的錯誤，因為整個企業流程環環相扣，所以開發人員在問許多作業的時後，其內容必定有重覆、重疊的子程序、例外程序……等問題，在這些需求訪談與觀察後，轉成使用個案案例書也必定會有這些問題的存在。

因為在訪談等資料在正規化過程，雖然已經抽離人為的贅字與無意義的敘述，但是每一個使用個案案例書仍為一個主題式的訪談，經正規化成為的系統文件，用標準化格式來表達某個主題的作業程序。但許多的例外來自情境的改變與例外產生衍生的補救的錯失所形成的作業程序，使用角色與作業內容的觀點來進行功能性的系統合併時，就可以看到許多系統不一致性的問題產生，或者是看似大概相同子系統之中，發現細微性的差異，甚至有矛盾的作業流程存在。

這時後若是有經驗的系統分析師會用以 Top Bottom 方法配合以往經驗，進行快速分類來進行系統功能合並，但是這不是本文的目的。我們會先用初學者的方式來處理一個不懂系統分析，所以大部份都會以 Bottom Up 的方法，一步一步逐步來進行專案。

這時後陳經理為了讓軟體開發成員可以針對系統分析的技術，有更實際上的了解，便說明了如何往上分析合併的原則：

1. 若使用個案 c 為使用個案 a 的子環結，可以用子個案用<<includes>>或<<extend>>的方式來處理，同時對應使用個案 c 的使用個案案例書會降其系統編號，將其系統編號的階層數降到使用個案 a 的系統編號的下一層編號。

2. 若客戶或系統上的需求有第 1 種情形，則也可將使用個案 c 的使用個案案例書內容整入使用個案 a 使用個案案例書內，但是這樣讓使用個案案例書越來越複雜。

3. 若使用個案 d 為使用個案 a 的必須經過的作業程序的環結，並也可能為其它使用個案 b 的作業程序的環結，則我們用<<includes>>的模式使用第 1 個原則。

4. 若使用個案 e & f 為使用個案 a 的可能會發生的作業程序的環結，或例外時的作業程序的環結，則我們用<<extend>>的模式使用第 1 個原則。

5. 若某個使用個案 k 只是一個必要過程，許多使用個案都會用到，並不會改變它的內部運算，那稱為一個模組型的使用個案 k，可用為任何使用個案使用，則一樣用原則第 1 項。但是這個作業程序有可能不會成為一個功能性的系統，但也是有可能成為一個功能性的系統：如登入功能是進入的一個必要功能，但不一定會在系統功能表上，因為只有離開，不會在登入一次。但在許多系統可以切換使用者的系統上，登入與登出就不是模組，而是作業程序的一環，所以也當然為一個系統功能了。

專案成員在了解這些原則後，針對每一個案，因為在需求分析的針對每一群作業人員進行訪談後萃取的作業流程，因使用者不是專業的資訊專家，必定會有不同案例但卻是重覆的流程，也有一些小流程是大流程分支或重疊大部份的流程。所以我門可以先用 Bottom Up 的方法，來逐次步合併。

相同的個案圖合併方法

由圖 2 見到進貨與退貨似乎有許多的問題，所以把這個部份的使用個案圖又再度拆成進貨與退貨兩個流程。由圖 3 看到退貨流程，首先可以看當到退貨原因之中，第一是客戶在結帳流程退貨，則把把客戶退貨改成結帳間退貨流程，把與這個子流程的相關流程找出來，發現有兩種環節會產生退貨情形：一是不良品，二是無意願購買退貨，這是很容易出現的替代流程。

則把這兩個進階轉成專有的子流程，用<<extend>>來指像結帳間退貨流程，為何會用<<extend>>，因為這語法是只這個流程不一定都會通過這個流程，但有可能在某些情形下會發生的子使用個案，則用<<extend>>指到母流程。

首先用框框把這些流程框起來，因為可以把結帳退貨流程當成一個單一流程，因其子流程可當成黑盒子一般的流程。

我們在看到退貨之中有一項生鮮食品交替貨管理，這個流程會牽涉到退貨，所以當此子流程有一個定時更換貨的子環節，這在每一種產品都會使用到的一個模組流程，特別是生鮮食品一定要通過的關鍵流程，所以用<<includes>>把這個流程包含進來，<<includes>>代表所包含的這個子流程一定會被執行(含在其主要的必經流程)，所以就可以知道有這樣的一個模組流程。

第三個退貨原因是損壞或不良的流程，所以可以看到損壞產品退貨的使用者個案圖，先必須經過品質檢查退貨的流程來確定是否是本店產品的品質問題，而不良產品規格不符合兩個子環節因是可能發生的原因所衍生出來的子流程，由於不一定是都會發生不良品或這兩個子環結，所以用<<extend>>來連接，整個退貨流程由這個三個子流程所組合而成，形成退貨流程。

所以到這個階段就可以知道系統中有一個退貨流程，可以成為系統流程，也就可以了解有一個退貨流程與進貨流程的子系統功能。

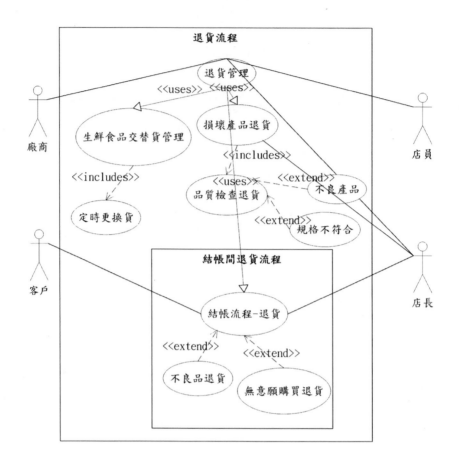

圖 3 退貨作業流程合併

使用個案圖把整個系統建立出來

　　本階段可以透過上述的方法，可以把功能子系統一步一步找出來，再找出許多的子系統之後，見圖 4 把每一個功能子系統當成一個套件(Packages)的方式，進而使用個案圖的方式，把相同主角色、互為上下游的功能子系統、為共同目的的功能子系統等，包在企業運作的主流程之下。

如企業對於廠商進貨退貨是一個非常重要的作業流程,可以見到進貨、安全庫存管理、退貨、產品品檢與補貨等子系統,當然本文介紹的分類方式並非是一個絕對的答案,對於讀者由每一個小流程整理出一個大的主要子系統流程,讓相關的子功能系統包含於其下的過程極有幫助。

但是看到圖 4 中,有一個不太合理的廠商進退貨的子流程,因為某些子功能系統與主子系統內聚力不夠(吳仁和 & 曾光輝, 2002),好像只有用到一部份功能。由於使用個案圖(Use Case Diagram)的特色重視流程或其它非完整性的系統化特性,所以圖 4 所分類的子系統架構圖就產生了較無法應付的問題,基於這樣的問題,可以建議使用部門作業流程圖(Swim-Lance)的方法,來處理央聯連瑣超商的個案。

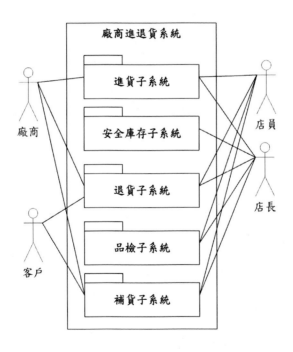

圖 4 廠商進退貨系統

使用作業流程圖勾畫出整個系統架構

　　由於企業運作會因產業類別、規模、產品線與企業型態等，有許多不同的作業流程，但是以資訊系統作業特性，大部份都是採用功能性來切割企業部門，方便專業分工。

　　而央聯連瑣超商的個案則分為總公司營運，統籌彙總店/分店庫存，全國配送分銷等運籌與管理，方便統一採購，降低成本。所以總公司、總店與分店之間系統一致化與資料整合成為系統分析與設計重要的關鍵要素。

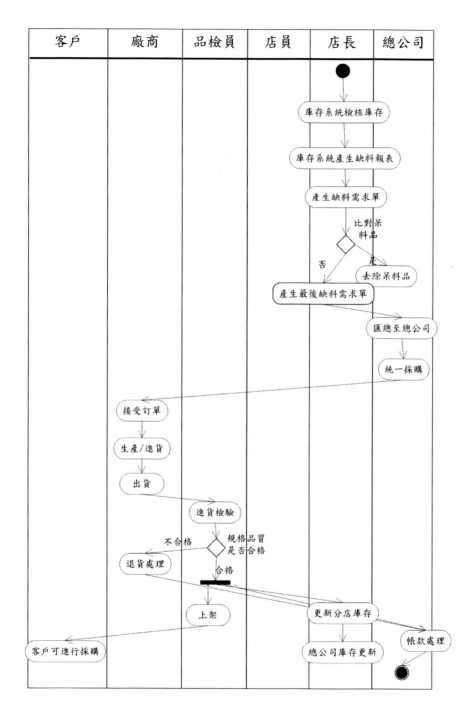

客戶	廠商	品檢員	店員	店長	總公司

圖 5 分店進退貨系統

由圖 5 所示，可以見到分店進退貨系統與總店進退貨系統是不一樣的架構，將總店與分店的系統架構整合在一起，在透過 CRUD 分析(使用這功能權限分析)，在進入系統時，在行畫面配置與功能權線管理就可以達到整合系統的特色(吳仁和 & 曾光輝, 2002)。

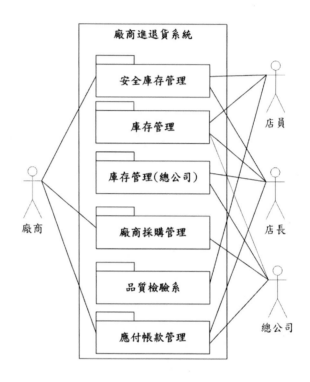

圖 6 廠商進退貨整合架構

使用部門作業流程圖(Swim-Lane)進行主流程分析後，可以得到圖 6 的架構圖，可見到比圖 4 功能式合併來的更適合企業的需求。

總合運用這些方法，因為不一定每一種都適用於所有的系統架構分析。軟體開發之中以解決問題為核心思想，以物件導向分析與設計的方法為手法，了解其內涵與原則，透過不同的方法來達成開發的目的，如此一來，讀者也可以開始運用這些原則來分析您們客戶的系統。

到這個階段，將上述方法，整理條列於下：

1. 運用 Bottom Up 的方法，選擇合適的方法與準則，逐步將每一個使用個案案例書轉成使用個案圖(Use Case Diagram)。

2. 每一個使用個案圖都有對應的參與成員，把相互角色聯集起來。

3. 把原有流程文字抽象成功能性的單元，加上成員參與並劃上連接線，便可以表示這些流程組合是否矛盾。

4. 若聚合的功能圖不合理，則反覆組合直到聚合成為獨立且完整的作業流程。

5. 把每一流程加上合乎流程內涵的文字，則成為子功能系統的名字

6. 把所有的子功能建立後，約所有使用個案案例書轉成使用個案圖(Use Case Diagram) 都應該被使用到，若重覆使用到則是作業程序交疊等所產生，無害於系統架構。

7. 把最底層的子功能透過類別相近、部門作業流程圖、操作流程圖等合適的方法往上聚合，成為更大的子功能，並給與合適名字，直到成為企業流程之中每一個獨立的主要子流程為止。

8. 把所有主流程對應的子系統架構合併，直到整個系統架構完成。

透過以上原則不斷的整合與重整之後，由圖 7 所示，軟體開發團隊最後可以將『央聯連瑣超商-POS 進銷存資訊系統』的整體架構，逐步歸納收斂到這樣簡潔的架構，並配合央聯連瑣超商企業主流程來切割，加上每一主要子功能的『部門作業流程圖(Swim-Lance)』的解說，相信這樣的分析，對於資訊科技不擅長的央聯連瑣超商的黃總經理也能透過清楚的架構與部門作業流程圖交插簡介，這樣的架構就足以讓央聯連瑣超商黃總經理與各部門主管，可以相信這樣的架構涵蓋面與系統功能的功能面能滿足企業的所有運作流程了。

央聯連瑣超商 POS進銷存資訊系統

客戶管理	庫存管理	廠商管理	進籌管理	系統管理
會員管理	料品管理	廠商資料管理	分店績效管理	登入管理
點數管理	庫存管理	料品採構關聯作業	料品績效管理	變更登入管理
結帳管理	安全庫存	分店採構作業	會員績效管理	登出
客戶退貨	庫存警示	統一採購作業	廠商績效管理	系統參數管理
折扣管理	品檢管理	退貨作業	員工績效管理	代碼管理
預訂管理	生鮮庫存管理	至料退貨作業	庫存績效管理	異常管理
	寄賣庫存管理	採構 EDI 資料交換	熱/冷銷績效管理	資料備份管理
	盤點作業	廠商績效管理	整體績效管理	系統說明書

圖 7 央聯主系統架構圖

章節小結

整個軟體開發專案發展到這個階段，也已含蓋了大部份軟體工程中系統分析階段任務。

將需求系統化後，建立客戶所需要的軟體系統架構圖。透過主流程系統化的部門作業流程圖(Swim-Lance)，取得客戶信賴與開發的權益，成為系統分析中階段性的目標。

分析過程之中，從使用個案案例書、使用個案圖到部門作業流程圖(Swim-Lance)，在不斷流程分割、合併與重整過程之中，所有相關文件的一致性非常重要，所以軟體工程領域中構型管理(Configuration Management)佔了非常重要的一個主要子元件(工作)，用來把所有文件同步化管理的一個環節。

3
CHAPTER

資料塑模

當軟體模型屋藍圖呈現，如何讓客戶見到系統模型屋的內部傢俱與裝潢，也就是資料流的架構，讓客戶可以感受到這個樣品屋與心中的系統是否一樣。

建築設計師在建立建築物的骨架藍圖後，接連而來的就是需要多少建材的問題，軟體開發團隊在得到應用系統的架構的藍圖之後，企業的營運必須依靠作業面的支持，也就是作業之中產生的大量資料。企業營運的績效與管理也必須依靠這些資料，所以企業資料流的分析與設計成為企業應用系統的全身的血管與血液的流動，對於正確的血液的脈動是企業的生存的根本需求。

本章仍是透過企業需求案例書，透過實體與事件的交錯關係，把整個 ER Modal 建立出來，並轉成對應的 Data Class，將整個系統的資料全貌展現出來。

需求和資料的差異

在系統分析與設計章節中，如圖 8 所示，我們得到系統架構的藍圖，由於整個架構以功能導向的方式運作，可看到系統切個為五大模組。

此分析架構為央聯公司所接受（系統架構並非只有功能式，還有流程式、模組式…等眾多分類），因而軟央資訊科技公司正式取得軟體開發專案的權利。

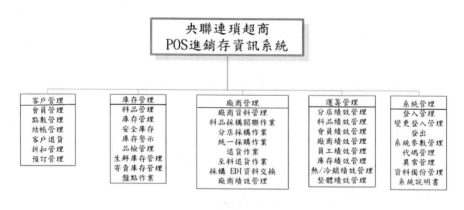

圖 8 央聯系統架構圖

透過圖 8 成形過程的方法，可見到由許多需求形成的『使用案例書』，逐一解析、合併與分解之後，了解每一個流程與角色，並將之串聯起來，去除相同與重疊部份，最後就可以找出系統架構圖。同時，相對的子系統也是由原有的使用案例書，也會把企業運作的情節與角色重組出來，產生新的『使用案例書』，就可以產生足夠份量的使用情境與對應功能，也就是圖 8 看到的每一個大功能與子功能：如廠商管理的下子系統：統一採購作業會在往下切割為子功能的系統分析，因為不讓每一個子功能太過於複雜與重疊功能模組所致。

系統化原有的使用個案案例書

陳大同專案經理就對軟體開發專案團隊說明，使用原有的使用個案案例書，已可以具體描述出企業細節流程的狀況，也同時描述了流程中情境與各角色的交互關係。

但是主要流程與替代流程雖然已經精粹過文字，但仍欠缺系統化的字眼，這是經驗不足或全新發系統會產生的問題。為了能從行為之中萃取成系統架構之後，在透過系統關聯來回改原有的使用個案書，將之改成表 8 的格式，並把行為啟動者改為主行為者，其它對應者稱為利害關係者。並把主要流程與替代流程分成兩欄所以不容易串接起來，這時後我們可以運用 UML 使用個案圖（Use Case Diagram）格式，右邊的稱為系統流程，把左邊維持原有正規化的流程，右邊系統流程則較易轉化成建置下一步的資料塑模的分析與設計。

表 8 結帳管理使用案例書

使用案例名稱：結賬使用案例書

版本：V2.0

功能編號：D04

功能版本：結帳管理

填表人：陳大同、李先生四人

商業流程編號：A1

主行為者：客戶

利害關係者：店員、店長

內容概述：本案例描述客戶結帳情境。

目的：客戶購買物品結帳完成

相關功能：退貨、庫存、採購、點數、客戶

先決條件：客戶已完成商品選購，並有購買商品，預備離開。

後置條件：客戶必需付清款項。

觸發事件：客戶選購完畢貨品，準備離開前必須要的結帳作業。

完成後產出：

1.付清款項

2.客戶累積消費更新

活動流程	系統流程
主要流程：	
1. 客戶攜帶選購完畢的商品到櫃台。	1. 客戶各自行為
2. 出示客戶會員卡。	2. 出示客戶卡
3. 使用條碼機讀入客戶卡號，找出客戶資料並找出折扣數。若無卡則讀取櫃台上的臨時卡，並無折扣。	3. 先使用條碼機使用來讀取卡號，進而將客號使用 D01.1 客戶讀取模組，找出客戶資料與客戶等級。

4. 開始結帳，輸入客號，取出對應客戶資料與操作員編號，出貨日期與備註。	4. 結帳作業開始，讀條碼得到客戶號碼與客戶折扣等級之後，開始輸入結帳單號基本資料。
5. 拿取貨品，使用條碼機讀入商品條碼，依產品特性與折扣數進行金額計算，並累進結帳金額，顯示畫面給客戶看	5. 拿商品利用條碼機讀取產品料號，根據客戶折扣等級與產品資訊顯示產品金額
6. 重覆 5 的動作直到所有商品讀取過條碼與計算過金額	6. 重覆 5 的動作直到結束➜ 轉成讀寫多項料號模組
7. 顯示客戶應付金額，請客戶付款。	7. D01.4 顯示應付金額模組，請求付款
8. 客戶付款，給予發票並將購買金額與轉換點數記入客戶卡號。	8. 客戶付款，啟動列印發票模組，列出發票並包裝給客戶，並啟動 D01.3 點數累加功能到該客戶
替代流程：	1. 利用 D01.2 會員管理，若未加入會員，利用 D01.2_A 加入會員功能
1. 若客戶未加入會員，請使用會員系統，新增客戶資料後並發放卡片後在進行結帳。	2. 結帳中可用退貨鍵，使用條碼機讀入，使用 D01.4 讀寫多項料號模組消去項目
2. 退貨可用退貨鍵後，在用條碼機讀入商品條碼，可退貨並重算累積金額。	3. 換貨流程可以用 D01.4 退貨功能與 D01.4 購物流成。
3. 換貨可用退貨流程後，在用商品購買流程合用。	4. 補貼生鮮調碼
4. 補貼或貼生鮮等商品對應條碼。	5. 在 D01.4 輸入讀寫多項料號模組之後，在顯示結帳資訊顯示後，突然不結帳。可用 D01.4 訂單取
5. 所有商品結帳商品購買流成完畢，客戶不購買，可使用結帳取消件。	

6. 分開結帳用多次的結帳流程。	消功能。
7. 誤打或多打與少打，在打包時可在確認後，補打『商品購買』錯『退貨』等作業補正。	6. 多次使用 D01.4 訂單結帳功能
	7. 用 D01.4 輸入讀寫多項料號模組補打或刪除等功能
8. 如 A1 結帳作業完畢，客戶退貨或付款失敗，則用訂單取消作業，並訂單購買金額與轉換點數會修正到客戶卡號。	8. 使用 D01.4 訂單取消/付款失敗，不會啟動 D01.3 點數累加功能到該客戶，但退貨則會啟動 D01.3 點數累簡功能到該客戶

輔助說明：

1. 若登入角色為店員，只可以結帳一般作業。

2. 若登入角色為店長，則可用結帳非正常的作業(退訂單)，與其它管理功能與作業。

3. 本作業無法修改單價與客戶任何資訊。

資料的形成過程-資料概念設計

陳經理在這階段對軟體開發專案團隊說明，如何把資料概念模型與從所知的使用個案圖抽離成為實體關聯圖(Entity-Relation Diagram :ERD)，使用漸進(Incremental)的方式，先抽離出資料物件實體(Entity)，資料物件個體之間的關係(Relationship)與合理連接起來，在把資料物件個體(Entity)的資料個體的屬性(Attributes)透過主情節與資料合理性與完整性(Coronel, Morris, & Rob, 2012; Ramakrishnan, Gehrke, & Gehrke, 2003; Ullman, Garcia-Molina, & Widom, 2001)，將之完整建立起來。其步驟如下：

1. 把原有情結的使用個案書合理化之後轉之為表 8 的格式。

2.　　把對應與缺乏的內容補齊與轉換資料。

角色與基本資料的轉換

陳經理在這階段對軟體開發專案團隊說明基本資料物件的主因：基本資料物件大部份都是由角色或代碼資料所轉換出來的。

把表 8 中主行為者與利害關係者找出來，可發現都是一個基本資料的特性，因為它們必需存在於系統之內，且在系統互動情節之中，都是 Actors 的角色(見第 2 章分析與設計)，可見以下轉換步驟：

1.　先找出主行為者是否是作業的主要參與者，並確定主行為者的資料是否會被儲存與再使用。如果是，則必須為主行為者建立資料物件個體：客戶基本資料，這是在資料概念化設計之中的角色的資料物件化。

2.　再找出利害關係者的問題，這個步驟會如同原則 1 的方式物件化，但是，在行為者(表 8 內的所有行為)在角色的資料物件化時，必須了解類別與物件的關係，如果我們把店員與店長行為都變成一個資料物件，會發現一個問題，兩者的角色都相同，甚至三個或以上都相同。但是卻在作不同的子作業程序而已，所以系統分析者犯了一個物件類別化的錯誤行為，因為店員與店長是不同個體，但是所有的操作與功能確是相同，所以我們必需為這些類別一般化。

如何類別一般化呢，可以發現所有店長與店員都在操作系統，那把這些物件類別一般化的方式就是建立一個操作員的母類別，換言之，就是為其相同功能的所有行為者其行為建立其行為的資料物件，這是在所有行為者資料物件化後必須考量的重點之一，可見圖 9

客戶	
PK	**客戶編號**
	客戶名稱 點數 等級

操作員	
PK	**操作員編號**
	操作員等級 員工編號

圖 9 行為者資料物件化示意圖

　　陳經理繼續說道,完成行為者資料物件化之後,開始把主要流程與替代流程,針對每一條情節(Scenery)開始物件化,所以有以下準則:

1. 先行辨視這個情結是否為系統行為,或是行為者自己的行動,如選購產品,拿起物品更換,走動,休息,講話…等都不是系統情節,所以不需資料物件化,主要判別的原則是這些行為是否也被儲存與在利用的特性所判斷。

2. 若是系統情節,必需先行了解是否有找資料或更新資料等情結,了解情結對應的資料與動作,若情結太複雜,先行解構許多單一資料的動作行為方可開始資料物件化的作業
   如 在表8中:主流程.2 & 主流程.3,『出示客戶會員卡將有折扣與累績點數升級等』,則有『出示客戶會員卡顯示點數』及『若會員卡點數足夠,則進行升級』兩個動作行為。
   必須將先其它部份理連接起來,在把資料物件個體(Entity)的資料個體

的屬性(Attributes)透過主情節與資料合理性與完整性，將之完整建立起來。其步驟如圖 10 所示：

操作員有不同帳號，員工編號是取得操作員資料的依靠，進行查詢客戶的作業，由條碼讀取器讀取客戶條碼取得客戶資訊，取得客戶名稱與目前點數與等級，在系統設定下會由員工編號取得等級。

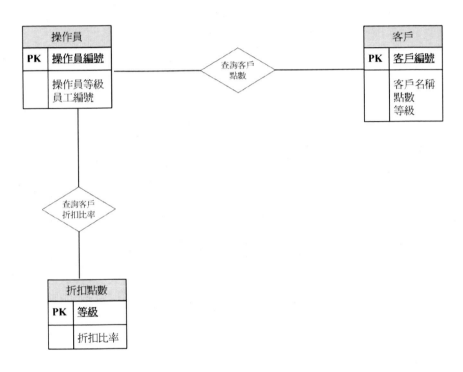

圖 10 出示客戶會員卡顯示點數

在由圖 11 中，可見到進行查詢點數表，查看客戶點數狀況，是否可以達到點數升級條件，則進行客戶等級升等的作業。

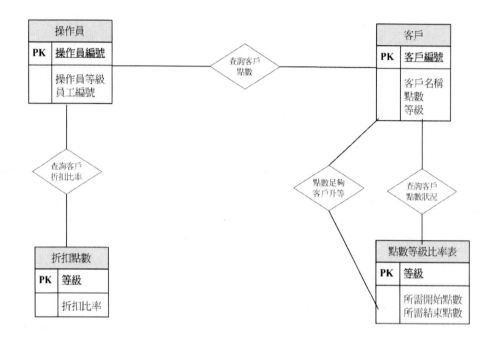

圖 11 點數足夠客戶升等

一對多主檔產生過程

陳經理繼續說道，可以見到表 8 中主流程 4，是建立某行為者或某流程的條件之下，會產生許多子事件或子行為下的情形，而且子事件或子行為下的情形一定會在這個事件或行為下才會產生的必要條件，這我們稱作一對多的行為。在資料庫概念模型我們必須先將這個主事件對應的資料物件先行產生，並且此資料物件必須包含起以下資料見圖 12：

1. 啟動這個行為的行為者、那些因素才啟動、何時、地點或環境（如分店名稱編號），產生的那些事。

2. 這些相關的事有的會因這件行為者的消失而消失，但是有一些則不會，如客戶結帳單消失，客戶不會消失。

   這些是要看這些事是被包含在這個主事件當中，在物件類別中稱聚合 (Aggregate)，若這些事件是為了主事件內容有誰被參與，這『參與』連結到其它資料物件，則稱為參照，也稱外來鍵，只要記錄被『參照資料物件的主鍵』就可以了，這在物件類別中稱組合(Composition)

3. 主事件之中，把所有相關連到的所有資訊，數位化到主事件的欄位之中，若因輸入或輸出或選單的方式，則可以對這些欄位在存入時進行拆解(Decomposition)、合併(Merge)與轉換(Tranasformation)等成為儲存概念上有意義的欄位。

在一對多明細資料由表8中主流程5，是建立某行為者或某流程的條件之下，會產生許多子事件或子行為下的情形，而且子事件或子行為下的情形一定會在這個事件或行為下才會產生的必要條件，這我們稱作一對多的行為。

此時我們必須把主行為的主鍵(Unique Key)包含在子事件的資料物件之中，稱為一對多(1 TO N)的資料庫型態。

由圖 13 的結帳單 ER-D 圖可以看到結帳主檔與結帳明細檔用一對多的資料模型所連接著，而且最大的特色是主事件的消失必需代表其許多子事件或子行為下的情形(所有相關子事件或子行為與遞迴的子事件或子行為)都必需同步消失，則代表具有相同的生命週期，則使用組合(Composition)的技巧來設計。

但讀者可以看到結帳明細之中有產品料號，是表8中主流程5中讀取條碼，取出產品單價、特價等所有屬性，但是產品為何要把單價、特價品與料號放置放入明細檔，這樣似乎有違正規化的原則，陳經理解釋如下：

- 如果在資料中，引用外來鍵使用一些資料，若該資料物件的欄位有變化異動的問題，而該檔必須保存當時的時點資訊，而非最新資訊，則這些資料欄位就必須被包含於內，如特價品是會不定期變動的，單價也會漲跌的問題，所以會將這類欄位包含於內，產生反正規化的現象。

- 如果在資料中，引用外來鍵使用一些資料，該資料物件大部份的時間會和明細檔中的外來鍵欄位，如料號與外來鍵中的料號名稱一同出現的機會非常高，則您每一筆資料查詢必須用 Outer Join 讓兩個同時出現，對系統的效能是無意義的浪費，則這些資料欄位就必須被包含於內，可以省去取這些資訊的問題，所以會將這類欄位包含於內，產生反正規化的現象。

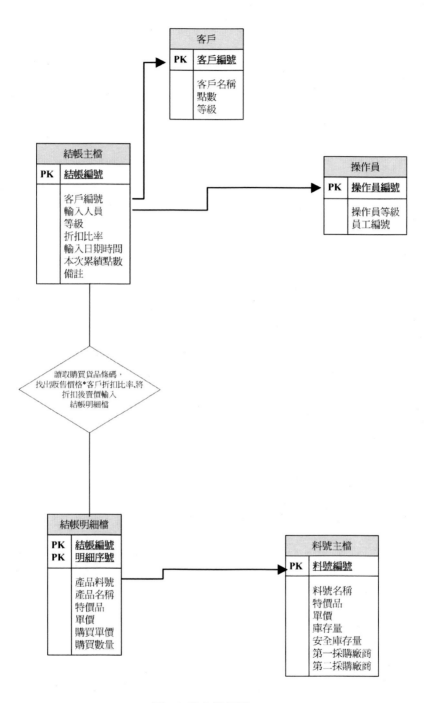

圖 12 建立結帳單

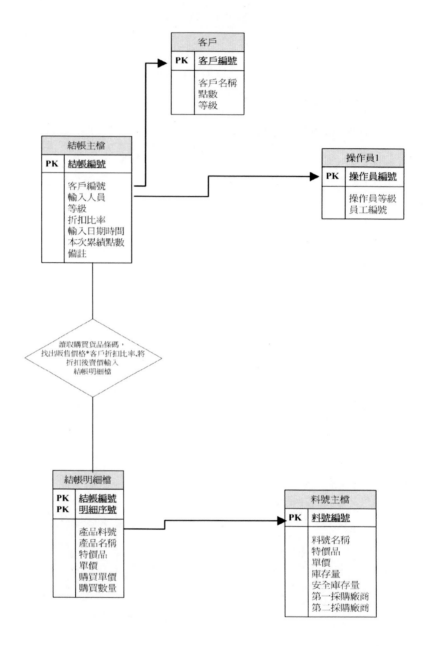

圖 13 結帳單 ER-D 圖

在表 8 中主流程 5 之中，有一些是必然的常識，而不會記錄於紙上或存於文字之間，如『讀取條碼，取出料號，若非特價品則用客戶折扣取得單價』，這是一個複雜的行為：(1)會產生一個新單價;(2)單價會因客戶等級與料號單價變更而產生時點誤差資訊，則由上原則，也必須產生欄位『單價』來儲存。

第二是表 8 中主流程 6『重覆流程 5』的情結，隱含一種行為，『重覆某些流程或步驟』就會新資料的產生，所以明細物件的資料會隨重覆流程而產生新的一次資料(不一定只會產生一筆資料)。

另一個是表 8 中主流程 5『讀取條碼，取出料號』時要將這些子資訊存入，讀者會發現，『個數』這些資訊無法直接被流程中的情節所記錄，而是行為本身就包含有『個數』資訊，也有包含當時許多行為的資訊，但是重要的觀念是那些行為本身的資訊或行為影響的資訊有受到時點因素，且在未來會被取用的必要性的資訊者，會必須被『記錄』下來，所以明細檔中『個數』就會成為被規劃的資料物件欄位。

儲存的行為與衍生行為之資料塑模

陳經理繼續解釋給系統分析人員，一對多的行為模式，成為一個『一對多』或『多對多』的資料物件模型。在一對多的資料物件模型之下，在表 8 中主流程 7 的情節，有顯示『應付金額』與『請客戶付款』兩個企業行為，『應付金額』由加總明細檔的所有項目的單價乘上金額之後的小計金額所累加而出來的金額，就是應付金額。

由圖 14 可以顯示，應付金額本身資料物件可以透過『計算應付金額』把應付金額予以計算出來，再由『計算稅額』的事件轉出『稅額』這個資訊，由於加總本身方法與小數點處理方法與計算稅額都會因時點不同而異，所以必須被儲存主檔的資料物件，成為應付金額、稅額等兩個欄位，並成為主結帳主檔的欄位。

由圖 14 可以了解，企業存在許多的領域知識，由其有關於數字上的運算與管理上的統計運算，不容易在需求分析之中被訪談出來，這也是新領域最大的進入障礙，對於以上這樣的問題，陳經理有以下建議：

1. 與資深的作業人員或部門主管，針對這些問題另撰寫使用個案書來表示，並找出公式、運算法則、經驗條例、公司政策等對這些運算的所有資料，轉化成該運算的演算法模組。

2. 找出所有事件或行為之中，因時間不同在重新計算時會產生不同結果的資訊，請將這些資訊轉化成資料欄位(如匯率、特價等)。

3. 若有轉換運算，也會以因時間不同在重新計算時會產生不同結果的資訊，請將這些資訊轉化成資料欄位(如幣別、單位等)。

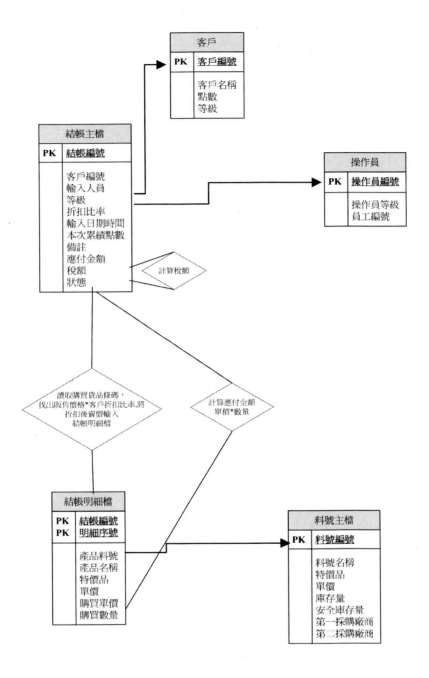

圖 14 結帳完單資料模型圖

儲存資料同步與被驅動行為

陳經理繼續解釋給系統分析人員，一對多的行為模式在儲存時，會起動其它模組來運作，如列印發票，列印出貨單或列印送貨單等，所以表8中主流程8客戶付款之後，會產生『結帳完畢』產生二個行為，第一是因要記錄結帳單的狀態，所以有管理欄位『狀態』，透過『結帳完畢』的行為填入付款成功，填入對應代碼字串〝C〞，並啟動關聯式資料庫的交易完整性保護程序，需將結帳主檔完全存入資料庫之後，結帳明細檔中每一筆資料也必須更新，以上都完全寫入成工(Commit Successful)成功後才算成功把資料存取行為完成。

進一步見圖 15，更新客戶結帳金額轉換成點數後存入客戶累績點數欄位，可以見到『客戶結帳、更新客戶點數』事件把客戶資料物件的點數欄位，更新資料。

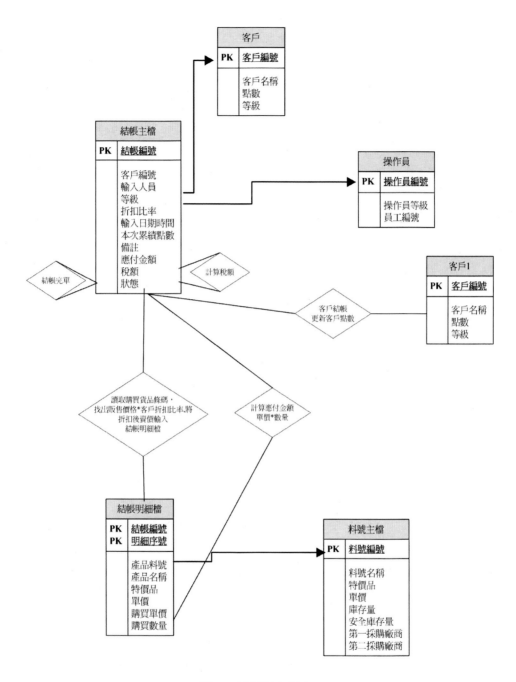

圖 15 結帳同步程序

章節小結

整個專案發展到這個階段，已進到軟體工程中資料塑模的環節。

本章主要目的是如何將資料的概念設計，從無到有的一步一步導引讀者設計出來，礙於篇幅的關係，本文已一步一步導引讀者進行資料庫概念設計的整個步驟，其它替代流程與所有的流程也是大同小異，並不多加贅述。下章節中會跟您說明，如何將系統物件化，並利用物件導向的特性來設計整個系統資料流的部分。

4
CHAPTER

資料流程

當呈現系統藍圖給客戶時，客戶希望了解，如何建
造軟體樣品屋，是客戶最想了解的一件事，更重要的是
如何讓客戶可以體驗住屋的感覺，是讓客戶安心的最佳
方式。

軟體開發團隊在得到系統架構與資料塑模模型之後,針對企業的資訊系統概念設計,已浮現出一個雛型與框架,客戶見到了未來的遠景,夢想著系統如何豪華與舒適。

但是最重要的是:這件房屋有多少的房間,豪華的程度與便利的各項設備才是客戶實際享受到的甜果,換言之,就是資訊系統可以為客戶龐大的資料運作與處理,如何控制資料流與儲存方式,就不再是紙上談兵的問題,如何告訴客戶者實際與真實的設施,必須透過建立『軟體樣品屋』的方式,將房屋真實的豪華設施展現給客戶,成為本章最重要的議題。

軟體的核心

整個專案分進展到這個階段,整個系統的架構(System Architecture Design)與資料庫設計(Database Schema Design),已透過實體關聯圖(Entity-Relation Diagram :ERD)的設計完成資料內容之欄位設計與分析資料表之間的關係(Relationship),接下來如何了解資料流程,是資料動態設計中最重要的環節。

由於軟體開發團隊對於央聯連鎖超商企業運作的資料流,到這個階段的分析與設計,還是無法進行系統的開發。針對這些不夠清楚的部分,陳大同專案經理針對這個時機,對專案開發團隊說明,如何運用物件導向分析方法進行資料流分析。

並說明只有把使用個案案例書轉成程式設計的邏輯與內容,仍是不足夠的,其原因列舉如下:

1. 由於表 8 中，雖然說明了每一個動作之間對資料表的異動內容，然而程式設計人員需要閱讀與理解，如此產生了重覆分析的問題，也產生了分析結果異質化的問題。對於這個問題，必須透過分析資料流程圖 (Data Flow Diagram：DFD)的方法予以解決。

2. 由於企業作業流程的內容是否能夠確立資料流向，仍是一個問題。文字的描述對於程式設計人員理解所作的動作與內容，再次產生了分析結果異質化的問題，針對這些不一致的問題。提出了使用 Swim-Lance 的活動圖(Swim-Lance & Activity Diagram) 的方法予以解決。

3. 由於專案不可能靠一位天才程式設計人員就可以完成，即使如此，對未來的系統維護(System Maintain)將會造成更大的問題。所以模組化與標準化軟體開發團隊最重要的工作，所以把各個類別(Class)分析出來，是物件導向分析與設計最主要的任務。對於這個問題將由類別圖 (Class diagram)予以解決。

透過系統化使用個案案例書找出作業清單

由於央聯連鎖超商企業運作流程內容，已分析成為陳大同專案經理運用上一專欄的系統化使用個案案例書，由表 8 的內容進行分析。

表 9 結帳管理系統化使用個案案例書

使用案例名稱：結賬使用案例書

版本：V2.0

功能編號：D04

功能版本：結帳管理

填表人：陳大同、李先生四人

商業流程編號：A1

主行為者：客戶

利害關係者：店員、店長

內容概述：本案例描述客戶結帳情境。

目的：客戶購買物品結帳完成

相關功能：退貨、庫存、採購、點數、客戶

先決條件：客戶已完成商品選購，並有購買商品，預備離開。

後置條件：客戶必需付清款項。

觸發事件：客戶選購完畢貨品，準備離開前必須要的結帳作業。

完成後產出：

1.付清款項

2.客戶累積消費更新

活動流程	系統流程
主要流程：	
1. 客戶攜帶選購完畢的商品到櫃台。	1. 客戶個自行為。
2. 出示客戶會員卡。	2. 出示客戶卡。
3. 使用條碼機讀入客戶卡號，找出客戶資料並找出折扣數。若無卡則讀取櫃	3. 先使用條碼機使用來讀取卡號，進而將客號使用 D01.1 客戶讀取模

台上的臨時卡，並無折扣。	組，找出客戶資料與客戶等級。
4. 開始結帳，輸入客號，取出對應客戶資料與操作員編號，出貨日期與備註。	4. 結帳作業開始，讀條碼得到客戶號碼與客戶折扣等級之後，開始輸入結帳單號基本資料。
5. 拿取貨品，使用條碼機讀入商品條碼，依產品特性與折扣數進行金額計算，並累進結帳金額，顯示畫面給客戶看。	5. 拿商品利用條碼機讀取產品料號，根據客戶折扣等級與產品資訊顯示產品金額。
6. 重覆5的動作直到所有商品讀取過條碼與計算過金額。	6. 重覆 5 的動作直到結束➜轉成讀寫多項料號模組。
7. 顯示客戶應付金額，請客戶付款。	7. D01.4 顯示應付金額模組，請求付款。
8. 客戶付款，給予發票並將購買金額與轉換點數記入客戶卡號。	8. 客戶付款，啟動列印發票模組，列出發票並包裝給客戶，並啟動 D01.3 點數累加功能到該客戶。
替代流程：	
1. 若客戶未加入會員，請使用會員系統，新增客戶資料後並發放卡片後在進行結帳。	1. 利用 D01.2 會員管理，若未加入會員，利用 D01.2_A 加入會員功能
2. 退貨可用退貨鍵後，在用條碼機讀入商品條碼，可退貨並重算累積金額。	2. 結帳中可用退貨鍵，使用條碼機讀入，使用 D01.4 讀寫多項料號模組消去項目
3. 換貨可用退貨流程後，在用商品購買流程合用。	3. 換貨流程可以用 D01.4 退貨功能與 D01.4 購物流成。
4. 補貼或貼生鮮等商品對應條碼。	4. 補貼生鮮調碼
5. 所有商品結帳商品購買流成完畢，	5. 在 D01.4 輸入讀寫多項料號模組之後，在顯示結帳資訊顯示後，突

客戶不購買，可使用結帳取消件。 6. 分開結帳用多次的結帳流程。 7. 誤打或多打與少打，在打包時可在確認後，補打『商品購買』錯『退貨』等作業補正。 8. 如 A1 結帳作業完畢，客戶退貨或付款失敗，則用訂單取消作業，並訂單購買金額與轉換點數會修正到客戶卡號。	然不結帳。可用 D01.4 訂單取消功能。 5. 多次使用 D01.4 訂單結帳功能 6. 用 D01.4 輸入讀寫多項料號模組補打或刪除等功能。 7. 使用 D01.4 訂單取消/付款失敗，不會啟動 D01.3 點數累加功能到該客戶，但退貨則會啟動 D01.3 點數累簡功能到該客戶。

輔助說明：

1. 若登入角色為店員，只可以結帳一般作業。

2. 若登入角色為店長，則可用結帳非正常的作業(退訂單)，與其它管理功能與作業。

3. 本作業無法修改單價與客戶任何資訊。

分析完成後可以先這個作業的資料庫綱要(Table Schema)，在把功能性的作業流程，找出該作業流程的所有子動作清單，由表 10 所示，把主要流程的事件清單整理出來，其替代流程與輔助說明等所有內容運用相同方法予以整理出來，再轉化成資料流程圖(Data Flow Diagram：DFD)(Fettke & Loos, 2006; Hay, 2006)。

表 10 作業流程的所有子動作清單

序	使用者	動作名稱與內容	資料表	欄位	動作
1	店員	讀取會員卡，取出會員資料	客戶表	客戶編號	R
	系統	讀取客戶等級-得到折扣資料	折扣點數表	等級	R
	系統	查詢/讀取客戶點數-是否升級	點數等級比率表	等級起迄欄位	RW
2	店員	結帳開始	結帳主檔	所有欄位	CRW
3	店員	結帳購買料品-讀取料號→取回料號結帳必要資訊-重覆到讀取完畢	結帳明細檔 料號主檔	料號編號	CRW R
	系統	檢核特價品→改變購買單價	結帳明細檔	購買單價	RW
4	系統	顯示結帳金額→找出該結帳單所有料號的資訊，並把結帳金額寫回結帳主檔	結帳明細檔 結帳主檔	購買單價與數量應付金額與稅額	R RW
5	客戶	付款完畢:先處理主檔	結帳主檔	狀態	RW

C=Create，R=Read，W=Write，D=Delete

(主要流程，暫省略替代流程與說明等)

資料流程圖形成過程

由圖 15 中知得到的資料庫及內部所有資料表的欄位資訊(Table Schema)，整合表 10 之序號 1 的動作，可以導引使用者得到圖 16 所示，透過圖 16 如此複雜的資料流程圖(Data Flow Diagram :DFD)，於是軟體開發團隊，繼續同樣的方法就可以將其它的流程也連接起來，並陸續劃出對應的資料流程圖(Data Flow Diagram :DFD) (Fettke & Loos, 2006; Hay, 2006)。

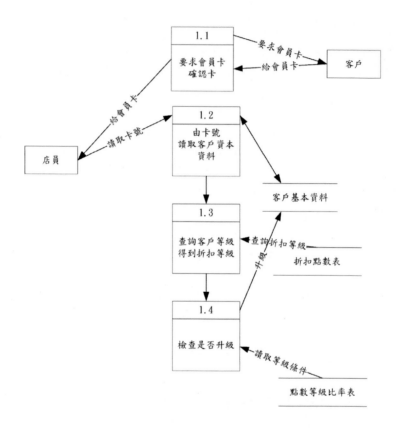

圖 16 讀取會員資料與檢核(主要流程)

在軟體開發團隊以此方法，不斷分析，陳經理希望軟體開發團隊的成員不斷反覆的分析，把正確的子動作流程與對應表格結合。

最後軟體開發團隊把主要流程轉化成圖 17 的資料流程圖(Data Flow Diagram :DFD)，完成了一個完整子作業的資料流程圖。

這時候專案團隊的成員開口問陳經理，為何同樣的作業，其資料流程圖(Data Flow Diagram :DFD)與實體關聯圖(Entity-Relation Diagram :ERD)的卻存在許多差異，陳經理解釋給所有專案成員，其原因列舉如下：

1. 由於不是同步轉換實體關聯圖(Entity-Relation Diagram :ERD)&資料流程圖 (Data Flow Diagram :DFD)，先轉換實體關聯圖(Entity-Relation Diagram :ERD)的時候對儲存體的資料表(Tables)已有相當的認識，所以後來轉換資料流程圖 (Data Flow Diagram :DFD)就會畫得更細緻。主要是實體關聯圖(Entity-Relation Diagram :ERD)是從各位在分析『系統化使用個案案例書』時，找出資料表 (Table)的內容，而不同表單之間的關聯(Relationship)是基於最大或最明顯的作業流程，故比較靜態。

2. 實體關聯圖(Entity-Relation Diagram :ERD)在繪製時，主要的資料表(Tables)已經大致獲得解決。主要是依企業運作流程的『系統化使用個案案例書』，逐步追蹤每一子動作或子流程對那些表單(Tables)的讀與寫，並隨流程的程序循序繪製下來，當然比實體關聯圖(Entity-Relation Diagram :ERD)更細膩，但是資料表的關聯是相同的。

3. 實體關聯圖(Entity-Relation Diagram :ERD)主要是找出資料庫綱要(Database Schema)，並不考量資料表在流程敘述中出現的順序。而是在所有流程中找出永久儲存體的需求，轉化成資料表(Tables)。

　　資料流程圖(Data Flow Diagram :DFD)重視流程的順序與動作，並依前後程序找出事件，也就是作業流程，這時候可以對大的作業流程分解成小作業流程，再進行分析與繪製，相反的也可以把許多的小流程整合成一個大流程(事件)來繪製。

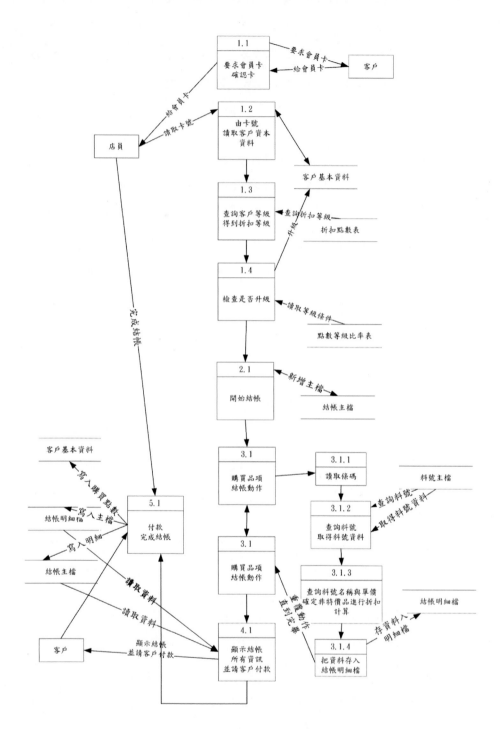

圖 17 結帳作業 DFD 圖(主要流程)

活動圖形成過程

　　陳經理繼續說道，資料流程圖(Data Flow Diagram :DFD)已經可以完整表達出作業流程與資料的互動的情節，並且對於企業運作流程，也已分解為更小、更清晰與更明確的子作業，並且每一個小作業對那些資料表的操作方式也表達的非常清楚，那為何還需要活動圖？

　　其實不然，因為企業運作流程中，資料的操作是一個重點，但在企業運作流程之中，並非只有資料的進出。由於企業運作流程複雜性，資料的操作會面對許多的條件：如哪一種情境之下讀寫那種資料，填入哪一個資料表的哪一個欄位與筆數，無法在資料流程圖(Data Flow Diagram :DFD)之中完全表達出來，所以這些的動作卻可以在活動圖(Swim-Lance & Activity Diagram)予以表達出來。這是就是UML 需要多種圖表(Booch et al., 1999; Fowler, 2004; Larman, 2002)，而非單一圖表就可以代表全部的原因。

　　企業的運作是一個四維的空間(第四維是時間)，而不同的 UML 圖只能取二維或部份三維的觀點去分析與設計，所以 UML 才會有九種不同的圖表，來表達出企業的運作與資訊系統的分析與設計。

　　對於活動圖(Swim-Lance & Activity Diagram)有以下優缺點：

1. 配合活動圖(Swim-Lance & Activity Diagram)可以了解參與作業的角色，在哪一個時間必須完成哪一些子作業流程。
2. 透過活動圖(Swim-Lance & Activity Diagram)內 If …Then 的分岐符號，可以於不同情境或條件下進行不同的子作業流程。
3. 運用活動圖(Swim-Lance & Activity Diagram)的平行線符號，讓流程分岐運行與分岐運行後一同到達，表達出作業中平行運行的概念。

4. 利用活動圖(Swim-Lance & Activity Diagram)的平行線符號，可以說明子作業中在某一子子作業是否平行處理或同時達成的狀態。如此運用平行線符號做子作業流程平行執行說明，所以每一個動作的子動作都可以遞迴平行運行，這是傳統的流程圖(Flow Chart Diagram)做不到的事。

5. 擁有活動圖(Swim-Lance & Activity Diagram)的限制條件的符號，可以清楚表達出企業運作因條件，在不同下條件下產生不同情境，清楚說明子作業因情境不同產生差異的作業內容。

　　所以我們運用表 8 的內容，透過本章節的概念與方法，產生表 10 的作業程序，讀者只要遵循這樣的方法論，透過表 10 的產生方法，就可以將所有的作業流程的所有子動作清單(主要流程、替代流程與備註與表頭的整體條件)，可以得到全部的活動圖(Swim-Lance & Activity Diagram)，見圖 18 結帳作業活動圖(Swim-Lance & Activity Diagram)為代表圖例。

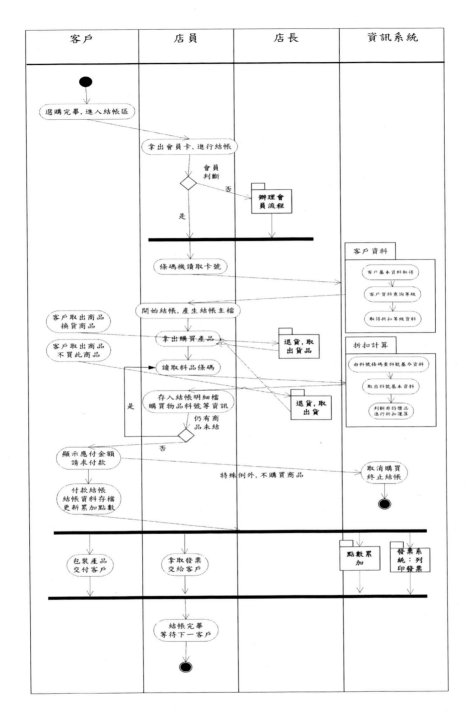

圖 18 結帳作業活動圖

資料類別建構一般法則

陳經理繼續說道，在別於物件導向的系統分析與設計之中，有系統流程圖(System Flow Chart)來陳述作業動作。但是對於動作的內容，若有複雜的動作或模組，則用結構圖(Structure Diagram)來向下分解整個動作的細微之處，來當成程式設計規格書(Programs Specifications)的重點。

而在物件導向系統分析與設計之下，這個方式則由類別圖(Class Diagram)來描述模組的所有行為，亦即是類別的屬性(Property)與方法(Methods)。並可包裝成package 或元件來標準共用。

物件導向非常重視類別分析(Class Analysis)，根據作者經驗，仍是透過『系統化使用個案案例書』的方式，來分析成作業流程的所有子動作清單表，可以建構『資料類別建構一般法則』，列舉如下：

1. 大部份的主行為者與利害關係者可以為個別『類別系統』，但是同一屬性的行為者，只要設計一個『類別』，如 A 客戶與 B 客戶，若是相同購買行為的客戶，則只需要一個客戶類別就可以了。

2. 相關功能的作業程序所擁有的『系統化使用個案案例書』，也是要先各自拆解之後，轉成各自的『作業流程的所有子動作清單表』，各自先行分析各自的類別(含屬性與方法等)，不需馬上去更新相關功能的類別。但需把以分析完成的類別圖及所有用到的類別(Class)更新到一個總類別圖。

3. 在子動作流程分析時，主流程可能可以先產生一個大的類別，在把子動作透過聚合(Aggregation) 和組合(Composition)來分解下階的子類別。

4. 在子動作流程分析時，若有共同的動作，如登錄，取得權限，列印發票單或列印 XX 報表等，都可以獨立拆解成獨立的類別(Independent Class)。

5. 透過不斷的重覆(Iteration)分析子動作，才能找出個別動作的類別，進而找出該類別的屬性與方法。但在邏輯判斷與互動時，也會產生互動類別的屬性與方法。這個動作必須不斷重覆(Iteration)分析，直到找出類別圖中所有的類別之屬性與方法，方可已表達這個作業流程的完整的類別內容。

6. 當每一個新類別或新關聯被加進類別內容，要先到總類別圖，擷取最新版本的類別資料，若單獨新增類別，則就自行新增類別，並更新類別(Class)更新到一個總類別圖中。

7. 已存在的類別(Class)更新到一個總類別圖，其類別(Class)的屬性與方法若有矛盾發生，不可輕易變更。待確定後，若真的需要變更類別(Class)，則必須將全部的作業流程的類別圖之對應的類別(Class)更新。但是這樣會產生巨大工程的事情要作，所以所有的類別(Class)屬性與方法以不變更為主要的法則。

8. 等到整個作業流程的類別圖都完成分析並繪製後，請把所有類別；針對其新增與或變更的內容，一次更新到總類別圖中。

以上原則 1 到 5 是作業流程轉成類別圖的作法，而原則 6 到 8 是系統標準化的準則，以上原則用來給系統分析設計者，在物件導向分析與設計實可以參考遵循的準則。

資料類別圖形成過程

　　軟體開發團隊根據上述資料類別建構一般法則之原則 1，進行分析，透過『主
行為者與利害關係者』分析之後得到圖 19，可以見到每一個角色都對應一個類
別。

客戶
-客戶編號 : string
-客戶名稱 : string
-點數 : float
-等級 : string
-新增日期 : string
-更新日期 : string
-電話 : string
- 手機 : string
-通訊住址 : string
-備註 : string

店員
-使用者編號 : string
-使用者名稱 : string
-等級 : string

店長
-使用者編號 : string
-使用者名稱 : string
-等級 : string

圖 19 行為者類別圖

　　但是，圖 9 中可以看到店員類別與店長類別，基本上幾乎一樣，所以根據
物件導向系統分析與設計的原則，使用一般化關係(Generation)的概念，把店員與
店長，甚至其它的經理、會計…等不同名稱(類別)的操作者，提高一層到母類別
層級，並訂義為這類類別的母層級。

　　如此一來，我們就可以得到如圖 20 所示，可以用使用者類別(User Class)來

取代，而其他類別則降級，使用繼承(Inherit)方式，直接繼承(Inherit) 使用者類別
(User Class)。但是為了可以區分不同使用者的特性，則在使用者類別(User Class)
中擴充一個屬性，所以使用者類別(User Class)增加了『職稱』這個新屬性。

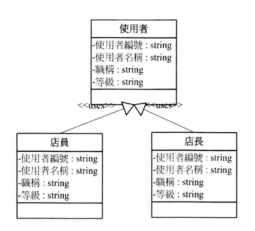

圖 20 合併的行為者類別圖

透過作業流程分析產生資料類別圖

陳經理繼續說道，在資料類別建構一般法則原則 2~4，我們把所有子動作的個體，規劃成為對應子作業的類別，如圖 21 所示，先把所有各自功能的作業主體轉成其作業的資料類別，並以其作業名稱命名其資料類別名稱。

這個階段的步驟並不容易產生，因為作業的主體常常是複雜(Complexity)與混合性(Hybrid & Chaos)的因素存在，所以常有錯誤與遺漏資料類別的可能性發生，在後面重覆性的檢核，再來補正這個缺陷。

這段階段並不需要把子動作轉成類別的方法(Method)，往後將會告訴讀者如何完成子動作流程轉化類別的方法。

再根據資料類別建構一般法則原則 5，我們根據表 10 的把所有子動作的個體，不斷重覆檢核，透過圖 21 的類別清單，進而把每一個子動作流程，轉成對應資料類別的方法(Method)。

透過不斷的轉換與檢核，我們最後可以得到圖 22 的結帳作業的較完整的資料類別圖。

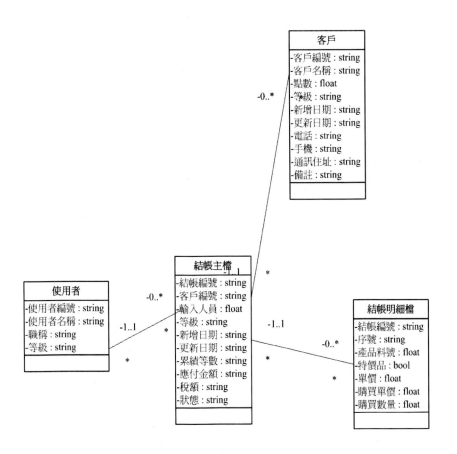

圖 21 結帳資料類別清單

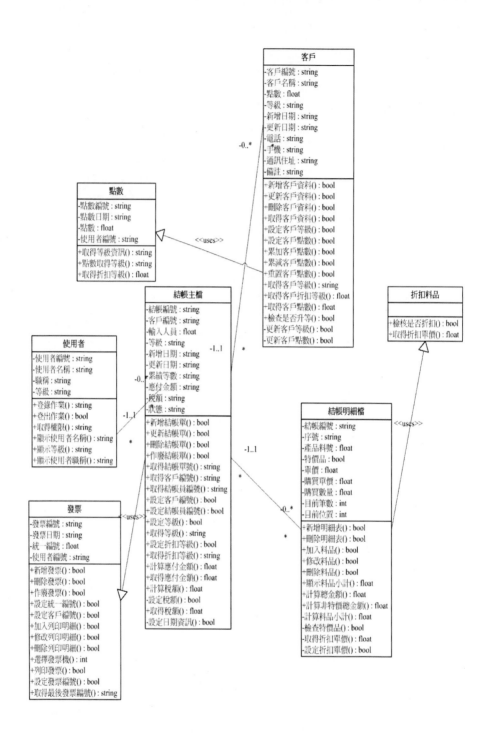

圖 22 結帳作業資料類別圖

由圖 22 可以看到折扣是一個共用的方法，根據物件導向系統分析與設計的法則，從內聚與偶合的觀點，這是一個常用或共用的動作，所以提升為對應流程類別。

在透過此類別設計方法來代表其子動作流程，這是物件導向設計模組化的良好典範。而點數是一個資料表，也是共用的方法，本來就是可以設計為類別，而透過所有的子動作流程清單，直接、延伸、擴展與合成等手法，就以設計出該結帳作業的所有資料類別圖，並透過<<use>>來代表使用該類別的功能，最後完整的結帳作業類別圖，根據『資料類別建構一般法則之原則 6 到 8』，在新增資料類別圖與完成後的資料類別圖，仍要要遵照『資料類別建構一般法則』，直到更新系統的總資料類別圖後，才算完成一個子系統作業流程的資料類別圖。

章節小結

將所有的子系統功能，透過其對應的『系統化使用個案案例書』，透過本章的手法，重覆轉換成對應的每一個資料類別圖，就可以完成所有的資料類別圖了。

當然，我們可以往向設計更高階的上一階系統功能，設計出更高階的類別圖。方法只要把下階的類別圖，由葉結點的功能，往上合併其同一母結點的類別圖，當所有的葉結點都轉成上階母結點的類別圖後，再行刪除其轉換過的葉結點，可以得到更高階的類別圖。

透過不斷重覆本章的方法，把子結點的類別圖合併(方法依『資料類別建構一般法則』之原則 1~8)，最後就可以把整個系統的資料類別圖，合併分析設計出來，於是在開發系統時，所有的資料類別都已完成規劃了。

整個專案又發展到這個階段，已完成系統設計中的資料類別圖的工作，就是完成了系統中資料類別分析與設計的環節。

　　本文透過『系統化使用個案案例書』與『子動作流程清單』，根據『資料類別建構一般法則』，一步一步導引讀者將資料類別設計出來。礙於篇幅的關係，本章無法將系統中龐大的資料類別都一一轉出來，因為其他資料類別都是運用相同的原則與方法，所以不多加贅述。

　　下章中會跟您介紹，如何將把這些系統設計的資料類別，整合成程式設計規格書，讓程式設計師可以真正設計出整個系統，讓我們等待下章的內容。

5

CHAPTER　　　　程式設計規格書

您的客戶對您勾畫出的資訊系統已經非常有興趣，
急著使用您開發的系統。但是，如何確保程式設計人員
可以依照的軟體施工圖，把軟體開發完成，完成後的資
訊系統真如您的藍圖中的樣子一樣嗎？

您的客戶央聯連鎖超商，對您勾畫出的系統藍圖已經非常有興趣，急著想要使用您開發的系統。但是，如何確保程式設計人員可以依照的系統藍圖進行施工，而當軟體開發完成，完成後的資訊系統真如您的藍圖中的樣子一樣嗎？

系統發展至此，軟體開發團隊對整個系統的從外表全貌(系統架構圖)到內部作業的運作細節(作業流程圖等)，已經有了深刻了解與體認。以軟體工程觀點來說，本專案的系統分析的工作已經完成。

進一步的是如何將整個系統實作出來，如何將已經產生的文件，進一步轉化成程式規格書，是系統設計中非常重要的階段。程式設計書可以標準化與同質化軟體開發專案團隊所有的團員，使其產生穩定的高品質系統，所以『程式設計規格書』變成一個關鍵性的文件。

程式規格書需求的關鍵原因

整個央聯連鎖超商的進銷存 POS 資訊系統開發專案到這個階段，以軟體工程的觀點來說，本個案的系統分析的工作已經到達完成階段。再來就是如何把系統開發成為實際資訊系統的問題，換言之，就是使用電腦語言等開發工具，根據以上系統分析與設計的文件進行系統實作(Programming)的任務。

對於有經驗的開發者，在這個關鍵性時點，會面對一個的問題點：一般程式設計師，對電腦語言等開發工具的熟悉度與功力當然無庸懷疑，也就是說，『程式設計師』對邏輯、程式攥寫、資料庫控制與讀寫、系統運算需求…等都非常拿手，但是每一位程式設計師，在看抽象圖形描寫的作業流程的內容；換言之就是在看系統分析與設計的文件，會因為理解這些抽象圖形，解譯系統分析與設計的文件內容，產生程式設計方法與功能認知上的差異。所以會產生圖 23 所產生的結果。

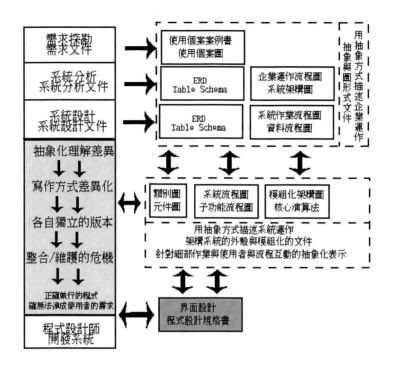

圖 23 程式設計師理解觀點差異圖

陳經理以圖 23 解釋給軟體開發團隊的開發人員，因為『系統分析與設計』這個階段主要的工作：大多是把企業運作、企業運作流程、營運作業流程…等，為了表達清楚，用『使用個案案例書』正規化所有需求的模糊性、在本書前四章，已將系統分析的方法與使用個案案例書進行抽象化，找出資料綱要(Table Schema)、資料流向(DFD)、作業內容等，做了非常完整性的講解。

但是圖 23 左邊黃色底色區顯示的問題，看到程式設計師的專長：可以寫出正確且可執行的程式，但是每一位『程式設計師』的專業與認知不同，整個系統在實作 Coding 階段若無法標準化所有開發人員的思維與系統功能規範，在分工與外包(Outsourcing) 產生更難以執行等問題，。

如此說來，須透過屬於程式設計師層次的『程式設計規格書』(Larman, 2002)，把這些抽象的系統分析文件予以視覺化、邏輯化。並對系統開發進行界面設計，並透過『人機界面控制』的方式(如畫面的物件:按鈕、菜單、選項…等)，把使用者與系統的互動與以標準化的表達出來。

程式設計規格書的與系統分析文件的分野

陳大同專案經理進一步說到，程式設計規格書主要的用意，是運用『程式設計師』的邏輯能力與自己擅長的開發工具，在運用系統化、邏輯化的敘述與系統化動作的文件內容(而非抽象的作業流程)，如此一來，程式設計師可以針對這些邏輯化的動作，與電腦周邊的輸入輸出(I/O)動作及資料庫資料表的存取等動作，就可以完成系統。

如此，圖 23 左邊黃色底色區顯示的問題就不再存在，換言之，程式設計師只要針對『邏輯化的程式設計規格書』，運用任何的開發工具，就可以交付所要完成的程式。

如此一來，在開發過程之中，內部開發人員與外包開發軟體廠商(人員)，都可以了解程式設計規格書的內容，但不需要了解系統功能背後的作業流程與意涵，進而正確寫出程式設計規格書所定義內容的程式。

程式設計規格書的分類

陳經理繼續說道，客戶的需求千奇百怪，所以若要一一的列舉分類，恐怕是一件很巨大的工程，以實務上可將程式設計規格書分為下列三大類：

1. 類別/模組：沒有畫面，純粹是對周邊、資料庫、運算邏輯(如公式計算)、核心演算法與作業系統或不同模組/系統的橋接器(有的稱 API)…等。

2. 共用介面模組：企業應用資訊系統常會讓使用者在不同功能介面的操作下，有一些介面是共用的，如登入/登出系統，料號查詢，列印報表選單畫面，報表預覽介面….等許多共用介面模組。

3. 人機互動系統介面：企業應用資訊系統使用者操作的主體：大部分是使用者互動介面與系統功能介面，如基本資料編輯大多是透過新增/修改/刪除/查詢/列印等的介面：主要是系統與使用者互動，透過互動進行存取資料與依介面操控改變資料等功能。當然使用人機互動系統介面並非只有上述介面而已，包含所有使用者操控系統、資料輸入、系統設定…等使用者，需用人機互動介面來操控所有系統功能。

　　企業應用資訊系統並非那麼的同質性，不同產業、軟硬體週邊、產業別、企業文化產生的異質性遠比讀者想像中的還要多，這樣的分類是由人機介面的觀點來分類，也是一種不錯的分類法。

類別/模組之程式設計規格書

　　陳經理繼續說道，類別/模組本身是資訊系統內部的一個共有/專有的模組，從物件導向的觀點來看，就是類別的程式設計規格書。讀者可以由表 11 看到，針對客戶基本資料的客戶類別的程式設計規格書，運用標準化方法來設計此規格書，讀者可以以此範例為基礎，將其它規格書調整成適合自己的格式。

表 11 客戶類別程式設計規格書

類別/模組之程式設計規格書	
版本	V1.0
開立者	陳大同
程式設計	李小民
程式編號	A1_ BD01
程式名稱	客戶類別設計
目的功能	客戶基本資料維護與其它類別關聯方法設計
使用方法	使用類別，產生物件實體(Instance)
使用資料表	客戶基本資料表、點數表
功能描述	類別圖 客戶資料類別圖 ● 屬性描述：請參照資料字典中『客戶資料表』欄位資訊

- 方法描述：

1. 新增客戶資料：將屬性中與欄位相同的資料，並在新增前運用『取號類別』，取得客戶編號後，透過『資料連接類別』，新增一筆資料到客戶資料表。

2. 更新客戶資料：將屬性中與欄位相同的資料，以客戶編號為更新主鍵，透過『資料連接類別』，更新資料到客戶資料表。

3. 刪除客戶資料：以目前取到資料的物件中的客戶編號為刪除主鍵，透過『資料連接類別』，刪除客戶資料表這個客戶編號的資料。

   ※注意有外來鍵連接等相依的資料表關係下，依【資料庫管理規則】不可刪除。

   3a. 刪除客戶資料：以客戶編號為參數，傳入方法之中，透過『資料連接類別』，刪除客戶資料表這個客戶編號的資料。

   ※注意有外來鍵連接等相依的資料表關係下，依【資料庫管理規則】不可刪除。

4. 取得客戶資料：透過【客戶查詢模組】取得客戶編號為參數，傳入方法之中，透過『資料連接類別』，取得該客戶編號中對應資料，並將資料設為類別屬性中對應的資料。

5. 設定客戶等級：將要設定的等級資料為參數，傳入方法之中，設定類別.等級=**等級參數**。

6. 設定客戶點數：將要設定的點數資料為參數，傳入方法之中，使設定類別.點數=點數參數。

7. 累加客戶點數：將要累加的點數資料為參數，傳入方法之中，使設定類別.點數=類別.點數+點數參數。

8. 累減客戶點數：將要減掉的點數資料為參數，傳入方法之
中，使設定類別.點數=類別.點數-點數參數。

※當類別.點數為零時不可執行

9. 重置客戶點數：將定類別.點數=系統預設值。

10. 取得客戶等級：若不傳客戶編號參數，回傳類別.等級。

※當未執行取得客戶資料之前，回傳【錯誤編號】

10a.取得客戶等級：若傳客戶編號參數，傳入方法之中，
透過『資料連接類別』，取得該客戶編號中，該客戶.
等級資料傳回。

※當無此客戶資料，回傳【錯誤編號】

11. 取得客戶折扣等級：若不傳客戶等級參數，傳入方法之中，
運用『點數類別』取得該等級之點數等級。

※當未執行取得客戶資料之前，回傳【錯誤編號】

11a.取得客戶折扣等級：若傳等級參數，傳入方法之中，
運用『點數類別』取得該等級之點數等級。

※當無此等級資料，回傳【錯誤編號】

12. 取得客戶點數：若不傳參數，回傳類別.點數。

※當未執行取得客戶資料之前，回傳【錯誤編號】

12a.取得客戶點數：若傳客戶編號為參數，傳入方法之中，
透過『資料連接類別』，取得該客戶編號中，該客戶.
點數資料傳回。

※當無此客戶編號的資料，回傳【錯誤編號】

13. 檢查是否升等：若不傳參數，把類別.點數與類別.等級為
參數，傳入方法之中，運用『點數類別』判別是否可以升

	等。 ※當未執行取得客戶資料之前，回傳【錯誤編號】 13a. 檢查是否升等：若傳點數與等級為參數，傳入方法之中，運用『點數類別』判別是否可以升等。 ※當無此等級的資料，回傳【錯誤編號】 14. 更新客戶等級：在類別.檢查是否升等回傳 True，則更新類別.等級的資訊，運用『點數類別』取得等級方法，把類別.等級設為取回新等級的資料。 15. 更新客戶點數：為內部方法，所有點數相關的方法，都必須透過本方法更新點數。
特殊演算法	無
備註	屬性與方法需與客戶基本資料表同步異動

對於本類型之程式設計規格書，為模組化一種。對於內部每一種功能或方法，用明確字句或虛擬碼；或兩者合用方式描述。

一份程式設計規格書只描述單一個類別或模組，其它使用或關聯到的類別，應該查詢該程式設計規格書為主。若不如此，很容易產生許多程式設計規格書有設計到非本身的類別，產生那些被共同描述或關聯到的類別之規格書內容互相衝突。

所以多人設計單一類別的問題，基本上儘量所避免。類別的設計儘量統一性的方法進行設計，可以透過組態管理(Configuration Management：CM)進行管理。

共用介面模組程式設計規格書

陳經理繼續說道，共用介面模組本身是內部的一個共有畫面模組，以物件導向的觀點來看，就是屬於共用元件等的意義。

主要是系統中會許多功能會使用到這個介面，所以將這樣的介面模組獨立出來，與一般人機互動的系統介面有所差異，讀者可以由表 12 看到，這類的共用介面模組的功能具有專一性、獨立性與共通性，所以特別獨立一類介面的程式設計規格書來介紹。

表 12 登入程式設計規格書

共用介面模組程式設計規格書	
版本	V1.0
開立者	陳大同
程式設計	李小民
程式編號	A1_ BD01
程式名稱	登入共用介面
目的功能	使用者使用系統，必須使用本功能，取得使用權與使用權限
使用方法	使用呼叫介面的方法
使用類別	使用者類別、員工類別、系統權限類別
使用資料表	使用者資料表、員工資料表，系統功能權限表
功能描述	1. 模組介面

登入介面

2. 功能描述：

使用動作圖來描述畫面動作(可以用文字描述或 UML 圖皆可)

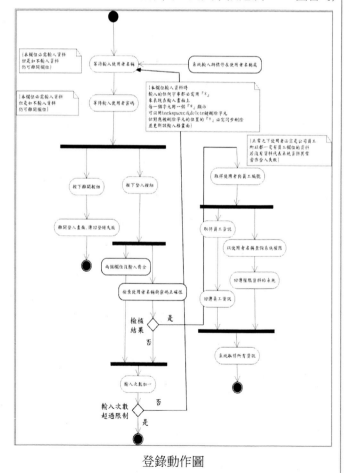

登錄動作圖

	3. 功能或方法描述：
	4. 上述動作登錄動作圖詳細描述功能。
	5. 畫面右上角結束鈕與離開相同。
	6. 畫面必須設定螢幕中央與最上方，屬於 modal 模式，不可以被移動
	4.特殊功能描述：
	本畫面為 Application Level，所以必須在系統進入點啟動，且為取得權限的唯一方法。
特殊演算法	使用者密碼用 Hash 函式加密後，比對密碼。
備註	

　　對於本類型之程式設計規格書，為共用介面之程式設計規格書，乃是資訊系統內部每一種功能或方法，用明確字句或虛擬碼；或兩者合用方式描述，若使用資料庫，只需提供使用到哪些資料庫，程式設計師應自行去參考實體關聯圖 (Entity-Relation Diagram :ERD)與資料庫綱要(Table Schema)。

人機互動系統介面之程式設計規格書

　　陳經理繼續說道，人機互動系統介面之系統開發之中，最多的程式，因為資訊系統是為使用者設計，操控系統本身就是系統最重要的方式。

　　所以這類程式之設計規格書是非常重要且常見的，讀者可以由表 13 看到人機互動系統介面之程式設計規格書，表 13 是一個標準化格式的結帳作業之程式設計規格書的範例。

表 13 結帳作業畫面程式設計規格書

人機互動系統介面之程式設計規格書	
版本	V1.0
開立者	陳大同
程式設計	李小民
程式編號	A1_ SCR01
程式名稱	結帳作業介面
目的功能	客戶結帳時，所使用的結帳作業介面
使用方法	客戶結帳目的
使用資料表	客戶基本資料表、點數表、等級表、結帳主檔、結帳明細檔、折扣料品檔、料號主檔、發票主檔、發票明細檔

功能描述

1.系統介面圖

結帳作業畫面	✕

使用者：李世明
狀態：結帳中

客戶編號 [VP12057808]　陳民為先生
　　　　　　　　　　等級：VIP　折扣：80%　目前點數：528789

結帳編號 [9603100022]

輸入人員：李世明

結帳日期 [096/03/10]　☐稅內含　　　本次點數：5250

結帳金額 [5000]　稅額：250　總金額：5250

序號	產品料號	產品品名	原單價	特價品	單價	數量	小計

[新增] [修改] [刪除] [查詢] [作廢] [完單] [取消]

[列印]　[離開]

客戶：陳民為先生，等級：VIP，折扣：80%，狀態：結帳中

結帳作業畫面

2 參考結帳作業活動圖

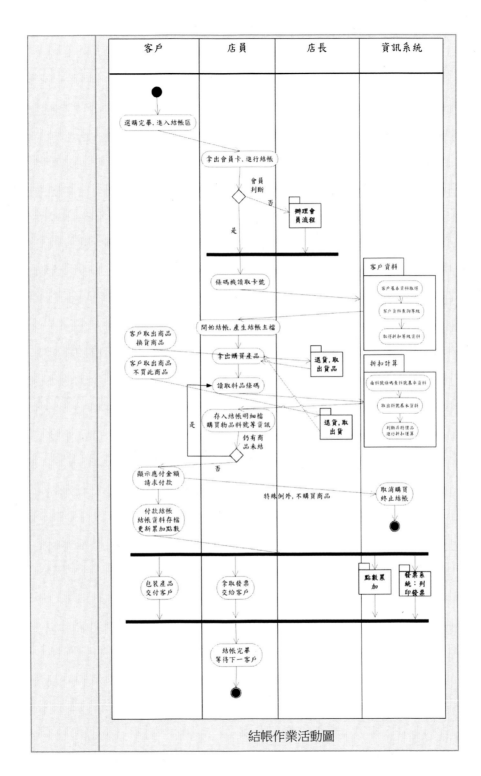

結帳作業活動圖

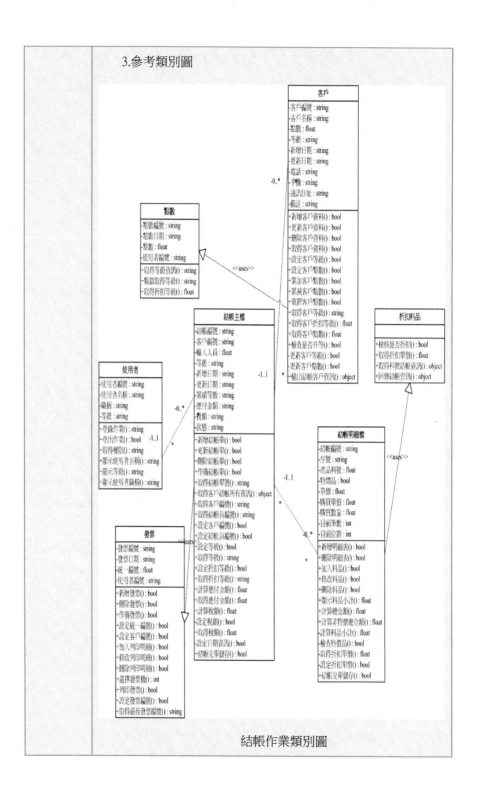

結帳作業類別圖

4.類別互動的循序圖

正常結帳作業

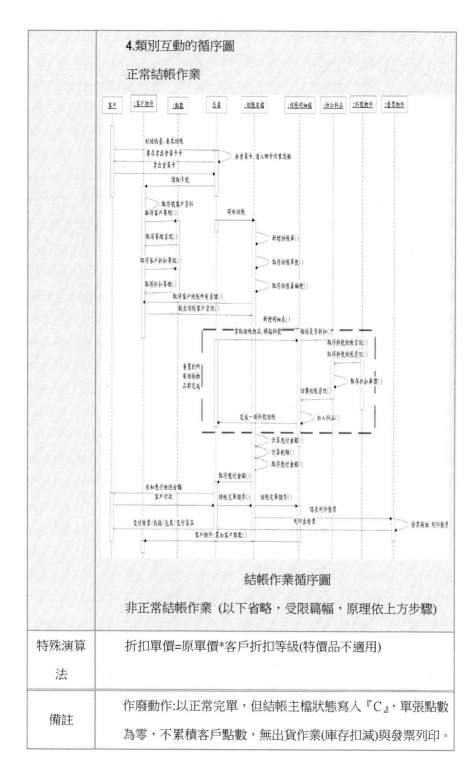

結帳作業循序圖

非正常結帳作業 (以下省略，受限篇幅，原理依上方步驟)

特殊演算法	折扣單價=原單價*客戶折扣等級(特價品不適用)
備註	作廢動作:以正常完單，但結帳主檔狀態寫入『C』，單張點數為零，不累積客戶點數，無出貨作業(庫存扣減)與發票列印。

由於『人機互動系統介面之程式設計規格書』，主要是系統主體的部份，也是使用者使用系統主要功能最多的部份，所以這類的規格書就跟系統所有的子系統功能一樣為數眾多。

大部份的軟體開發公司，基於成本的考量會避免這些『人機互動系統介面之程式設計規格書』的撰寫，所以市售大部份的系統分析與設計的教科書大部份對這個章節也都省略不提。

這樣對於新手程式設計師無法容易擔任開發系統的任務，必須在維護系統階段累績多年經驗，等到具備系統設計的能力與經驗，方能開始擔任開發的任務，這是因為程式設計師無法先行專注於系統開發，因為需求內容不確定性和程式規格內容不明確，產生程式設計師在系統實作階段產生許多重工與耗損，大部份原因都是分工不均與系統分析與設計文件缺乏所致。

由於缺乏完整性的『程式設計規格書』，所以常會聽到系統分析師對程式設計師說，您不懂會計，怎能設計會計系統，這就是系統分析師對『程式設計規格書』真正好處不懂的原因。

基本上程式設計師專業技能的部份，並非在解決需求與系統分析這個階段，其專業技能著重於開發工具的使用與程式語言的邏輯概念能力。也就是說，程式設計規格書指引程式設計師邏輯式的內容、寫作指引、程序之間的關係與互動流程，換言之，就是作業流程邏輯內容化。所以程式設計師可以在他完全不懂的作業需求下，設計任何系統而無需作業程序的知識，這也就是『程式設計規格書』在軟體工程方面成為一個重要的開發方法與文件的原因。

章節小結

到此已經介紹讀者三種主要的程式設計規格書，但是系統的複雜性與使用者的差異性等，讀者面對軟體開發的系統，可能會比本文提的內複雜千、百倍。但是本文介紹的分類與內容，是基於軟體工程理論，簡化內容與案例，整理出來的原則與方法，希望能夠把系統分析與設計和程式開發設計之間，透過『程式設計規格書』的手法，可以將作業流程原理、使用者模糊的變異、作業流程背後的專業知識…等，以程式設計師了解的語言攙寫成為『程式設計規格書』，不要再讓程式設計師負擔這些問題。

『程式設計規格書』將系統功能予以邏輯化的描述，並可以將所有的類別、共用畫面、實體關聯圖(Entity-Relation Diagram :ERD)、資料庫綱要(Table Schema)、資料字典與人機互動系統介等都獨自開立設計規範。而彼此之間只有使用的關聯，這就是物件導向分析與設計最大的益處。

『物件導向分析與設計』把所有的作業流程與背後專業知識完全隱藏，留下類別、程序及資料的存取問題，面對大型的軟體資訊系統開發專案時，更能達到全球專業分工，這就是本章最重要的內涵。

軟體開發專案又發展到這個階段，已達到系統設計中的程式設計規格書的階段，程式設計師就可以根據這些文件就可以專心攙寫程式。

下章中會跟您介紹，如何將把程式設計師寫出來的系統，進行專業的測試(Testing)，成為正式的系統，就讓我們拭目以待。

CHAPTER

軟體測試

　　儘管需求分析做的再好，系統實作完成後，使用者

仍然面對軟體是否合用，有潛在性的危機，資料是否會

遺漏，資料交易是否正確等等，所有的使用者會陷在不

知名的危機當中，所以唯有透過嚴格與正確的軟體測

試，才能創造穩定與高品質的系統，讓您的使用者高枕

無憂。

個案中，央聯連鎖超商的進銷存 POS 資訊系統，經過前五章物件導向分析與設計所述的內容後，從需求探勘到作業流程的具體流程圖、類別圖、元件圖到最後的程式設計規格書，已完成軟體工程中系統分析與設計的階段，已到達大功告成的里程碑。

許多天才型的程式設計師會說：程式設計像是一門藝術，在軟體工程領域來說則是一門工程科學，其實，應該把兩者合一，稱做是：工程科學與藝術的結晶體。

由於軟體設計實作中，儘管我們透過『程式設計規格書』的方式，已經儘量讓程式設計師對抽象化的作業流程產生異質性的觀點與實作方式，但是程式寫作過程之中，程式設計師透過智慧與才能進行程式設計，仍然脫離不了藝術創作的領域。所以許多錯誤與潛在性的危機與臭蟲(Bugs)仍然是不可避免的風險。

所以本章主要目的，就是將撰寫完成的軟體，透過軟體測試(Software Testing)這個階段，讓開發出來的軟體可以達到預定的穩定度與正確性，並可以在使用者允收測試與上線(Pilot Run)後，可以找出所有臭蟲(Bugs)，進行修正並重覆再測試，透過這樣反覆的作業，以期望達到系統可以完整且正確無誤的上線，達到使用者預定需求來滿足央聯連鎖超商的 e 化要求。

什麼是測試？測試的目標是什麼？

測試基本理論

軟體測試的定義：軟體測試是使用人工或測試自動化軟體或兩者混合的方法，將預定測試的系統，進行各式的測驗與驗證等過程，透過這些科學上的方法來檢驗系統是否滿足預定的需求或是確定預期結果與實際結果之間的差異，透過軟體測試的各類方法論找出『差異原因』，讓系統回到程式設計或更早的開發階段，進行修正到程式設計完成再重覆『軟體測試』的作業，重覆這樣的所有作業直到系統滿足預定的需求(Ammann & Offutt, 2008; Bertolino, 2007; 賀邦寧, 2010)。

陳經理說明『軟體測試』的概念後，似乎軟體專案開發小組的成員無法輕易了解這麼抽象化的解釋，所以陳經理給進一步告訴開發人員，整個系統在實作完成之後會完成各自功能的單元測試(Unit Testing)，等待單元測試(Unit Testing)在進行整合測試(Integration Testing)，最後再整合為一個完整的資訊系統，進行 α 測試(Alpha Testing)與 β 測試(Beta Testing)(Ammann & Offutt, 2008)。

但是如何確定被設計出來的系統是否如同程式設計規格書所述，可以正確完成『程式設計規格書』所述的功能。由於每一個『程式設計規格書』是在系統分析與設計後，針對單一功能導向的概念被導引與設計出來的，對於一個大系統有上百、上千甚至上數十萬的『程式設計規格書』，每一個單一功能透過階層式向上整合後，重覆向上整合下層子功能為上層的大功能。

為了確定最終系統的執行結果正確性，所以發展『軟體測試案例書』來輔助『軟體測試員』來運用客觀與標準的方法，透過簡單的標準程序就可以進行軟體測試。

軟體測試的目標

陳經理運用條列式的方式，說明測軟體測試員的目標。在軟體開發資源有限性的條件下，盡可能提早地找到軟體缺陷(Software Bugs)，並找到問題的位置點與問題的原因，透過這些資訊，找尋錯誤的原因並了解問題是來自那個軟體開發階段。

因為許多的軟體缺陷(Software Bugs)，其問題不只局限在軟體程式的執行階段，很多問題可能發生再系統分析與設計上的原始問題，基於這樣的原因，軟體開發團隊必需回溯到從錯誤原因之真正問題並找出關鍵因素是源自系統分析與設計哪個階段的問題。並回溯到那個的階段進行修正直到程式背正確設計與測試完成的階段，最後才可以重新進行『軟體測試』來確定達到原有的系統應有的品質。

軟體缺陷一般的定義

所以，陳經理條列以下問題來描述軟體缺陷(Software Bugs)：

1. 對於軟體成品說明書要求的功能無法滿足。

2. 出現了軟體成品說明書無法說明或不應該出現的錯誤。

3. 出現了軟體成品說明書未提到的功能(如後門、點數異常...等)。

4. 出現軟體成品說明書雖沒有未明確提及有的功能，但基於軟體開發常識中，應該實現的目標，如對應菜單(Menu)或常用功能鍵(Copy & Paste: CTRL-C& CTRL-V)等常識型系統功能。

5. 軟體如何操作與運作的流程，太過於繁複或冗餘的資料輸入(應預設或直接由資料庫取出)。

6. 未達到使用者與開發者預定功能性與非功能性效能。

7. 操作界面太過於複雜或繁複，讓使用者與客戶使用之後，其繁雜性比原有的人工作業更加無效率，使 e 化的效果產生繁複化的逆效應。

8. 軟體測試員必需具備軟體測試專業技能與最終使用者的常識，否則會產生專業性操作的問題(因為軟體測試員操作軟體技能遠高於最終使用者)，因為測試員的測試專業技能常會忽略人性的使用的便利性與舒適性。

軟體缺陷觀念上的謬誤

陳經理繼續說明軟體一般的缺陷之後，提出了軟體測試的謬誤，因為軟體臭蟲(Bugs)並非一定來自程式設計的錯誤，而是以下許多錯誤的觀念產生的問題:

1. 全面性的軟體測試程：全面性的軟體測試程式是不可能的（原因：輸入可能性資料量太大、可能輸出結果太多、軟體可能執行路徑太多(NP-Complete Problems)。

2. 過度要求不合理的品質：過度要求不合理的品質軟體成品說明書是少數開發人員與少數參與開發的使用者所組成的主觀架構與系統分析與設計的產物，有時會缺乏人性的使用便利性。

3. 風險的行為：軟體測試是對系統是一種有風險的行為；

4. 軟體測試的有限性：軟體測試只能針對有檢查的問題證明其正確性，依常識所知，任何具複雜性的軟體有太多的軟體可能執行路徑，這些可能性轉化成的軟體測試案例書將是一個不可能的任務，所以說沒有提到的問題並不代表不可能成為軟體缺陷。

5. 習慣成自然的錯誤：程式設計師往往犯同樣的錯誤確不自覺，有可能來自邏輯或寫作上的錯誤習慣造成，所以相同的軟體缺陷可能來自相同程式設計師所造成的問題，浪費了軟體測試的資源。

6. 軟體臭蟲抗體現象：軟體測試越多，其對測試的免疫力越強（因為某種錯誤被找出後，程式設計師改便那個習慣後會產生一堆相同臭蟲(Bugs)不見了的現象。但是最大的問題是錯誤不會只有一種，找到的錯誤可能是冰山一角，而其它的錯誤還未被撰寫在軟體測試規格書之中。

7. 異質測試：使用別種程序的測試方法，可以再找到新的第 6 項的錯誤，所以『測試人員』的輪替與測試程序的分布於不同組『測試人員』之中，創造異質性的軟體測試能力。

8. 考量成本：並非所有軟體缺陷都要全部修復（在有限的資源之下，不用考量『不算真正的缺陷』的問題，或某些『修復的風險』太大，如為某一小功能變動資料表的結構(Table Schema)）。

9. 無法解決的缺陷：測試出來讀許多缺陷(Bugs)在找到之後，才知道什麼時候才叫缺陷難以說清，因為牽連太大的系統層面。

10. 無止境的修改版本：軟體成品說明書在眾多使用者與人性差異下，似乎從來沒有最終版本。

11. 軟體測試員的自尊：軟體測試員在產品小組中為受到排擠與階級最低的族群（軟體測試員的工作是檢查和批評同事的工作、挑毛病，公佈發現的問題）。 希望軟體測試員找出缺陷後可以試著控制情緒，盡量私下與錯誤來源的開發人員溝通與協調，不要一定公告於市讓『犯錯的開發人員』無地自容。

12. 軟體測試員的專業：軟體測試是一項嚴謹且邏輯化的專業技術。

13. 軟體成品說明書的錯誤：軟體缺陷產生的最大原因是軟體成品說明書，其次是系統分析的文件，第三大來源才是程式設計規格書本身的缺陷與完整性的問題，最後才是程式設計本身的錯誤。

測試的種類

　　陳經理繼續說道，軟體測試可以針對程式原始碼的關聯度，進行測試的方法，大約可分為黑盒測試（Black Box Testing）和白盒測試（White Box Testing）兩大類 (Beckert & Gladisch, 2007; Beydeda & Gruhn, 2001; Chen & Poon, 1998; Küster & Abd-El-Razik, 2007; Marijan, Teslic, Temerinac, & Pekovic, 2009; Schroeder & Korel, 2000)。

黑盒測試（Black Box Testing）

靜態黑盒測試

測試軟體成品說明書：進階審查時假定自己是客戶，審查軟體成品說明書是否滿足自己的需求，並研究現有的系統標準和作業流程，檢查採用的系統標準是否正確，軟體成品說明書是否與系統標準和作業流程有所抵觸。

另外可審查和測試同質性的軟體，針對檢查規模、複雜性、測試性、軟體品質和系統可靠性及資訊安全性。

軟體成品說明書的作業層次檢查：優秀的軟體成品說明書的功能屬性有完整，準確，精確、不含糊、清晰，一致，貼切，合理，無關係原始碼檢查，系統是否具備可測試性的功能。

動態黑盒測試（行為測試）

1. 選擇測試用案例時，應知道同類型功能同步測試的技巧；
2. 測試數值測試時應特別注意等價區域測試、邊界值測試、次邊界值測試、變數值預設空白空值零值和無、非法錯誤不正確和亂數數值測試。也可用邊界值測試(超過可接受值的進行測試，了解是否可被預防輸入、存入時錯誤或無錯誤但在其它系統取用時的進階錯誤)
3. 運用 UML 的狀態轉換圖(UML State diagram)，建立程式在不同狀態的值。通常系統對於某些較長的作業流程，會有類程序狀態的控制值來控制該作業流程的系統運作與不同狀態下資料存取與變異的控制用圖。
4. 完成大部分測試後，接著進行軟體壓力測試，再進行效能測試，了解其失效的最大邊界值為何（先讓車子跑起來，然後讓它在各種極限狀態跑，了解跑到那種速度會使車子損害或不能動）。

5. 重複軟體測試、軟體壓力測試和效能測試交替重覆測試，來確保軟體的效能可以達到系統要求。

6. 使用不同測試人員或外包(Out Sourcing)進行異質軟體測試方法，因不同訓練出來的測試人員有不同的測試行為模式。採用同一批人的測試會使軟體產生抗體，往往真的軟體缺陷(Bugs)藏在不同的角度，這樣異質性的軟體測試可以解決這類問題。

白盒測試（White-Box Testing）

透過檢查設計運作原理與閱讀部份或全部原始碼的方法與原則：進行白盒測試的原因是希望儘早發現軟體缺陷(程式設計開始或開發中)，以找出動態黑盒測試難以發現或隔離的軟體缺陷。以及黑盒測試員在進行軟體測試時，設計測試案例提供較高層次與較具效果的『軟體測試案例書』的測試案例。

靜態白盒測試

靜態白盒測試也叫架構化分析：在不執行軟體的條件下，根據系統設計邏輯，有條理的審查軟體設計內容、包含系統架構與企業運作的契合性(Coupling & Cohesion)與原始碼的可行性到那種層級(可以跑、邏輯化、模組化到最佳化)和軟體原始碼內容的邏輯思路與資料存取與系統功能等所有相關 code 是否正確。若不正確時，運用以下方法找出軟體缺陷的產生的過程，一般而言都是透過審查的方法論來進行白盒測試的方法。

（A).審查的過程

- 確定問題定義與範圍

- 遵守程式設計的法則

- 準備和編寫報告

（B).審查的模式

- 同仁審查(Peer Review)

- Walkthrough

- 檢驗（Inspections）

陳經理對於原始碼審查的方法可以包含以下的問題：

- 函式參數引用錯誤(物件導向稱作方法(Methods))

- 變數宣告問題

- 演算法或內部計算公式產生的錯誤

- 變數與運算元的撰寫錯誤

- 程式控制流程有邏輯上的完備性缺陷或繆誤

- 內部子函式或子方法傳入參數的問題

- 資料型態或內容輸入/輸出錯誤

　　這種審查的方法特別之處：是將軟體測試提前到軟體完成之後的觀點，如靜態測試是指不執行被測程式本身，僅透過分析或檢查原程式的文法(Syntax)、架構(Structure)、流程(Program Flow)、界面(Interface)等來檢查程式的正確性。

　　靜態方法透過程式靜態特性的分析，找出欠缺和可疑之處；例如不正確或不一致性的參數、不適當的巢狀迴圈和子迴圈有邏輯上的錯誤、永不結束的遞迴程式、太多未使用過的變數、空指標的 assign 和可疑的計算公式等。

所以靜態測試結果可用於進一步的針對原始碼進行測試找出錯誤之處，並為軟體測試案例提供指導的方針。

動態白盒測試

又稱結構化測試（Structural Testing）：是指利用檢視原始碼功能和執行模組得到的回傳值來確定那些需要測試；哪些不需要測試，如何開展測試。

動態白盒測試不僅檢視原始碼的執行情況，也包括直接執行測試和變數控制條件下執行軟體進行測試。其內容列舉如下：

1. 直接測試底層函數、流程、副程式與函式庫等。
2. 以完整程式的模組從頂層測試軟體，但是根據對軟體運作的了解調整測試案例。
3. 從軟體獲得讀取變數時其狀態資訊，以便確定測試與預期結果是否相符。
4. 估算執行測試時"正確執行路徑的程式"的原始碼和其它相關原始碼對應比率與共用模組等資訊後，進行調整測試方法，將共用的原始碼轉入共用模組，精減掉『軟體測試案例書』冗餘的測試案例與冗餘的無用的原始碼，並補充遺漏的測試案例。

動態白盒測試流程

1. 動態白盒測試與調試的區別：動態白盒測試目的是為了尋找軟體缺陷，調試(Turning)的目的是為了修復缺陷；

2. 進行步驟：先進行單位測試（Unit Testing），再進行系統測試(System

Testing)，不要將還沒有經過單位測試（Unit Testing)的元件進行系統測試(System Testing)。

3. 優先順序：先進行黑盒測試，再進行白盒測試；因為若先看了原始碼，很可能會產生了解程式原理與界線產生偏差(Bias)。就是產生與原始碼邏輯上未含蓋面或不可能的變數輸入值等，產生測試案例，雖然使用嚴格的條件去測試，但是常常會忽略正常標準的測試內容，也浪費有限的軟體開發資源。

4. 版本控管：原始碼版本覆蓋的可能原因；包括語句覆蓋、代碼行覆蓋、分支覆蓋、條件覆蓋，其中條件覆蓋是指最全面的覆蓋模式(會誤解『錯誤的條件』為正確的方法進行程式覆蓋，結果是『正確的程式』被覆蓋掉)。

軟體測試案例書的設計

　　陳經理繼續說道，客戶的需求千奇百怪，所以程式設計規格書因而也不同，受限篇幅，作者針對人機互動系統畫面與整合測試各舉一個簡單的『軟體測試案例書』，引導讀者如何撰寫更多的軟體測試案例書來測試軟體開發。

　　讓軟體測試員按表操課的方式，快速有效的找出程式的缺陷，進行修正與在測試等方法，使軟體的品質達到正確的目標。

人機互動系統畫面型測試

　　陳經理繼續說道，人機互動系統畫面式系統開發之中，最多的程式。所以這類的軟體測試案例書數量繁多，但是這種程式設計的難度最低，但是內容卻很繁雜且輸入項目眾多。

　　整個系統之中這類的程式數量也是最多的一環，常常佔系統 85%以上的比率，但是由於量多、難度簡單，所以軟體開發專案之中都是初階的程式設計師擔任撰寫的工作，產生很怪異的情形。那就是 95%以上的 Bugs 都是出現在這類的程式；因為專案開發人員資源成本不一，把最精良的程式設計師去撰寫演算法與核心或高階階層的功能，對這類『人機互動系統畫面型』的程式又不會一一撰寫對應的『軟體測試案例書』來檢核，所以在大多數的軟體開發專案產生軟體遞交後（Delivery），因軟體臭蟲（Bugs)太多，不斷的修改與重工，導致軟體開發團隊陷於永無止境的修改陷阱之中。這些問題常常是軟體專案顛倒配置資源的問題，產生軟體開發專案最中失敗的結果(林楚迪, 2008)。

　　基於如此現象，作者先介紹人機互動系統畫面型測試，表 14 為一個正式格式的結帳作業畫面之軟體測試案例書的範例。

表 14 結帳作業畫面之軟體測試案例書

人機互動系統畫面型程式之軟體測試案例書	
版本	V1.2
開立者	陳大同
程式測試	江民勳
程式編號	A1_ SCR01
程式名稱	結帳作業畫面
目的功能	客戶結帳時，所使用的結帳作業畫面
使用方法	客戶結帳目的
使用資料表	客戶基本資料表、點數表、等級表、結帳主檔、結帳明細檔、折扣料品檔、料號主檔、發票主檔、發票明細檔
功能描述	系統畫面圖 結帳作業畫面

功能描述

測試案例表

編號	測試目的或名稱	輸入值	測試值	預期輸出結果	結果
A1	檢核使用者與權限	不需		右上角使用者與登錄資料使用者是否相同。	
A1.1	檢核使用者權限	查看該使用者權限	各舉 1-3 個可以使用與不能使用的功能測試是否可以使用	如出現可使用的功能不能使用或不能使用的功能可以使用，代表權限控管有 bugs。	
B1	主檔資料檢核	主檔欄位		檢核資料錯誤、缺少必需資料、資料格式有誤等可否執行資料儲存或更新的功能。	
B1.1	客戶編號	Barcode Reader 讀入	無	必需有值且開頭為客戶等級代碼與客戶卡上編號。	
B1.2	結帳編號	無	無	是否有自動出現，並為 YYMMDD + NNNN，NNNN 為流水編碼且唯一編號 PS:可用多臺工作站同時操作確認皆為 unique。	
B1.3	輸入人員	無	為右上角使用者	檢核是否可以變更或與使用者有差異。 PS:可登出變更使用者後查看是否同步變更。	
B1.3	結帳日期	自動依系統日期帶出資料	098/02/29 98/02/30 999/05/32 097/4/2 098:04:02	輸入不合理日期，如 098/02/29 與如"/" 與位數不夠。	
B1.4	稅內含	T/F	稅額:有或無	F:為 0 T:為結帳金額*加值營業稅率(四捨五入法),正整數。	
C1	購買明細資料輸入			PS:利用新增/修改/刪除多次與交替的方法檢核筆數有誤刪或冗餘的現象	
C1.1	序號	無	自動產生	檢核新增號碼一定是所有資料最後一筆+1。	
C1.2	產品料號檢核	9789862010112 8885855455555	有料號的帶出資料	有料號的產品是否帶出資料,錯誤料號是否在狀態列顯示『您輸入錯誤料號』後清空輸入並停在原位置。	
C1.3	產品品名			是否由正確料號輸入帶出資料。 有錯誤輸入則清空資料。	
C1.4	原單價			是否由正確料號輸入帶出資料。 有錯誤輸入資料為 0。	
C1.5	特價品			如為特價品,則帶 T,否則帶 F。	
C1.6	單價		輸入特價品	原單價或特價品之下帶特價品單價。	
C1.7	數量	預設為 1	0,-1,-100,99999	負數或超過邊界值是否在狀態攔顯示資訊,並恢復原值等待輸入。	
C1.8	小計		單價*數量	單價*數量	

				四捨五入到整數位	
D1	關聯控制檢驗			輸入欄位之後，某些欄位彼此有關聯，進行檢核。	
D1.1	結帳金額	無	所有購買明細小計之合	所有購買明細小計之合。是否加總有誤。	
D1.2	總金額 稅額 結帳金額		結帳金額+稅額	加總是否正確 明細異動是否有更隨正確變動	
D1.3	明細異動檢核	1.先新增2筆 2.先修改第2筆 3.刪除第1筆 4.在先新增2筆 5.修改第3筆 6.先刪除第2筆 7.先刪除第2筆 8.先新增2筆	看序號產生是否有誤。 看料號異動，該筆所有資料會同步變更。 小計是否影響。 結帳金額是否影響。 輸入特價品點數是否累積(應該不累積)。 輸入免稅金額產品看稅額是否異動。	明細本身與D1.2是否有同步。	

特殊演算法	折扣單價=原單價*客戶折扣等級(特價品不適用)
	稅額=為結帳金額*加值營業稅率(四捨五入法)：免稅商品稅金為零
備註	

整合測試的軟體測試案例書的設計

陳經理繼續說道，人機互動系統介面式系統開發之中，最多的程式，因為它們是使用者接觸最多的介面，也是大部份使用者接觸系統時，會產生系統效用觀感的最主要的一環。

在整個企業運作流程下，運用系統分析與設計產生出來的基礎單元測試(Units Testing)，對於較大的作業流程則不一定有介面搭配，而是一個模組或類別與方法的方式。在整合的階段會有兩者連接界面或使用時機點，一但有問題產生，則會產生冗餘或錯誤的資料。

以下使用結帳作業：針對庫存產生異動的問題設計一個系統整合型的軟體測試案例書的範例。

表 15 結帳作業與庫存異動軟體測試案例書

結帳作業與庫存異動軟體測試案例書	
版本	V2.1
開立者	陳大同
程式測試	李小明
程式編號	C1_ COM07
程式名稱	日結作業之庫存異動模組
目的功能	每日客戶結帳後，對庫存異動的作業模組
使用方法	每日客戶結帳作業後，在庫存日結時使用的作業
使用資料表	客戶基本資料表、點數表、等級表、結帳主檔、結帳明細檔、折扣料品檔、料號主檔、發票主檔、發票明細檔
功能描述	系統整合流程圖

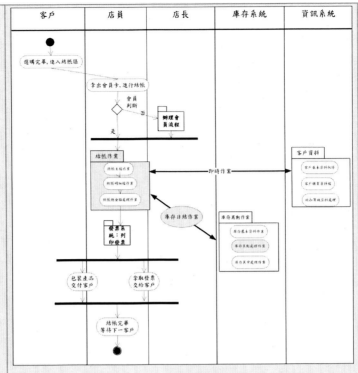

結帳庫存互動圖

測試案例表

編號	測試目的或名稱	輸入值	測試值	預期輸出結果	結果
A1	結帳新增的問題。	不需			
A1.1	結帳時新增。	結帳資料。正確輸入不變更。	結帳資料	是否結帳資料該有的資料與筆數及內容都正確進入庫存異動系統與資料庫之中。	
A1.2	結帳時新增。過程有新增後在隨	結帳資料。隨機刪除其中幾筆。	結帳資料	是否刪除的資料有產生在庫存異動資料之中或有不該出現的資料在庫存異動系統與資料庫之中	

		機刪除其中幾筆。			
	A2.1	結帳後馬上修改該筆結帳資料。過程有隨機新增、修改、刪除購買明細。	結帳資料。隨機異動購買明細。	結帳資料	1.是否刪除的資料有產生在庫存異動資料之中。 2.有不該出現的資料在庫存異動系統與資料庫之中。 3.原有的購買資料變別的料號在結帳明細檔之中更新資料有誤。 4.純粹結帳明細刪除，對結賑明細應該刪除該資料與庫存異動系統是退貨資料。	
	A3.1	結帳後馬上刪除該筆結帳資料 →就是整筆結帳單刪除	結帳資料刪除結帳單	結帳資料	1.結帳主檔與明細檔是否刪除。 2.庫存異動系統是針對該張結帳明細產生資料退貨資料否。	

{限於篇幅，其它流程不**再**增述}

特殊演算法	無
備註	結帳單新增後在進行修改，透過隨機新增、修改、刪除購買明細，若庫存異動界面定義有誤或 Table Schema 的主鍵有誤，都會產生更新錯誤與冗餘資料的問題，所以必需無規則式隨機測試。

　　透過上述兩個『軟體測試案例書』的介紹，相信讀者可以了解到軟體測試案例書並非單一對應『程式設計規格書』產生的一種文件，而是針對以下的需求產生的：

1. 畫面的資料輸入與使用呈現資料的元件特性作的檢核。

2. 針對資料庫綱要（Tables Schema 與實體關聯圖(Entity-Relation Diagram :ERD)所定義的資料內容與對應與互動關係進行的檢核。

3. 針對第 1-2 項的資料型態、內容、長度等進行檢核。

4. 所有元件互動與作業流程下之作業程序，針對這些作業程序相關的類別、模組、函式等之程式檢核。

5. 作業流程之中流程狀態的控制，可用 UML 狀態圖(Statechart Diagram)：ST 方式協助檢核。

6. 作業流程之中子作業動作的隨機性與例外性來測驗系統與撰寫案例。

7. 公式或演算法的檢核。

8. 系統強健度(Robust)、穩定度(Stability)、防呆度(Idol garbage data input)、效能極限(Limit of Performance)、資訊安全(Information Security)與系統還原(System Recovery)等各類需求，依其客戶需求進行對應的測試案例。

9. 對於『軟體成品說明書』是客戶需求的契約承諾，將之分解之後針對需求設計對應的軟體測試案例來達到客戶需求。

10. 並非要將在全部情況下所有問題都列舉與轉化成軟體測試案例，運用有限的開發資源把必需與常態操作的問題進行軟體測試就可以了。

章節小結

到此作者已經介紹讀者軟體工程之中從系統分析、設計、程式規格書、撰寫程式到軟體測試，本書介紹到此，已經將軟體開發專案從無到有的開發過程與文件化的方法與原則，都已經介紹給讀者。但是時代的變遷與網際網路時代的崛起，這樣的內容當然不足以應付新時代系統的複雜性與使用者的全球化的變異性等許多問題。

不過相信讀者可以從本書『學習物件導向系統開發的六門課』見到許多教科書與公司內部訓練學不到的許多關鍵手法與方法論。相信本書用有限的文字將整個軟體工程開發技術全面作這樣的一個介紹，相信有許多讀者可以感受到本書作者對讀者的用心。

作者介紹

許智誠(Chih-Cheng Hsu)，美國加州大學洛杉磯分校(UCLA) 資訊工程系博士，曾任職於美國 IBM 等軟體公司多年，現任教於中央大學資訊管理學系，主要研究為軟體工程、設計流程與自動化、數位教學、雲端裝置、多層式網頁系統、系統整合。

Email: khsu@mgt.ncu.edu.tw

曹永忠(Yung-Chung Tsao)，中央大學資訊管理學系博士，專研於軟體工程、軟體開發與設計、物件導向程式設計。現為自由作家，長期投入電腦資訊、企業系統、商品及人像攝影等領域，並持續發表作品及相關課程教學。

Email:prgbruce@gmail.com

參考文獻

1. Ammann, Paul, & Offutt, Jeff. (2008). Introduction to software testing: Cambridge University Press.
2. Beckert, Bernhard, & Gladisch, Christoph. (2007). White-box testing by combining deduction-based specification extraction and black-box testing. Tests and Proofs, 207-216.
3. Bertolino, Antonia. (2007). Software testing research: Achievements, challenges, dreams. Paper presented at the Future of Software Engineering, 2007. FOSE'07.
4. Beydeda, Sami, & Gruhn, Volker. (2001). Integrating white-and black-box techniques for class-level regression testing. Paper presented at the Computer Software and Applications Conference, 2001. COMPSAC 2001. 25th Annual International.
5. Bittner, Kurt, & Spence, Ian. (2003). Use case modeling: Addison-Wesley Professional.
6. Booch, Grady, Rumbaugh, Jim, & Jacobson, Ivar. (1999). Unified Modeling Language – User's Guide: Addison-Wesley Reading, MA.
7. Chen, TY, & Poon, PL. (1998). Teaching black box testing. Paper presented at the Software Engineering: Education & Practice, 1998. Proceedings. 1998 International Conference.
8. Cockburn, Alistair. (2001). Writing effective use cases (Vol. 1): Addison-Wesley Boston.
9. Coronel, Carlos, Morris, Steven, & Rob, Peter. (2012). Database systems: design, implementation, and management: Course Technology Ptr.
10. Fettke, Peter, & Loos, Peter. (2006). Reference modeling for business systems analysis: Igi Global.
11. Fowler, Martin. (2004). UML distilled: a brief guide to the standard object modeling language: Addison-Wesley Professional.
12. Hay, David C. (2006). Data model patterns: A metadata map: Morgan Kaufmann.
13. Küster, Jochen, & Abd-El-Razik, Mohamed. (2007). Validation of model transformations – first experiences using a white box approach. Models in Software Engineering, 193-204.
14. Larman, Craig. (2002). Applying UML and Patters: An introduction to Object-oriented analysis and design and the Unified Process (Vol. 130925691): Prentice Hall, ISBN.
15. Leffingwell, Dean, & Widrig, Don. (2003). Managing software requirements: a use case approach: Addison-Wesley Professional.
16. Marijan, Dusica, Teslic, Nikola, Temerinac, Miodrag, & Pekovic, Vukota. (2009). On the effectiveness of the system validation based on the black box testing methodology. Paper presented at the Testing and Diagnosis, 2009. ICTD 2009. IEEE Circuits and

Systems International Conference on.

17. Medvidovic, Nenad, Rosenblum, David S, Redmiles, David F, & Robbins, Jason E. (2002). Modeling software architectures in the Unified Modeling Language. ACM Transactions on Software Engineering and Methodology (TOSEM), 11(1), 2-57.

18. Ramakrishnan, Raghu, Gehrke, Johannes, & Gehrke, Johannes. (2003). Database management systems (Vol. 3): McGraw-Hill.

19. Rosenberg, Doug. (1999). Use Case Driven Object Modeling: MA: Addison Wesley.

20. Rosenberg, Doug, & Scott, Kendall. (2001). Applying Use Case Driven Object Modeling with UML: An Annotated e-Commerce Example: Addison-Wesley Professional.

21. Schroeder, Patrick J, & Korel, Bogdan. (2000). Black-box test reduction using input-output analysis (Vol. 25): ACM.

22. Ullman, Jeffrey D, Garcia-Molina, Hector, & Widom, Jennifer. (2001). Database systems: the complete book: Prentice Hall.

23. 吳仁和, & 曾光輝. (2002). 軟體元件塑模方法之研究: 第八屆國際資訊管理研究暨實務研討會.

24. 林楚迪. (2008). 軟體測試與除錯階段之可靠度量化分析與管理. (博士), 國立清華大學.

25. 賀邦寧. (2010). 軟體測試自動化之實證與效益研究—以 A 公司之軟體回歸測試系統為例. 交通大學管理學院碩士在職專班管理科學組學位論文(2010 年), 1-78.

學習物件導向系統開發的六門課
Six courses to successful learning the objected oriented information system development

作　　者：曹永忠、許智誠

發 行 人：黃振庭

出 版 者：崧燁文化事業有限公司

發 行 者：崧燁文化事業有限公司

E-mail：sonbookservice@gmail.com

粉 絲 頁：https://www.facebook.com/
　　　　　sonbookss/

網　　址：https://sonbook.net/

地　　址：台北市中正區重慶南路一段六十一號八
　　　　　樓 815 室

Rm. 815, 8F., No.61, Sec. 1, Chongqing S. Rd., Zhongzheng Dist., Taipei City 100, Taiwan

電　　話：(02) 2370-3310

傳　　真：(02) 2388-1990

印　　刷：京峯彩色印刷有限公司（京峰數位）

律師顧問：廣華律師事務所 張珮琦律師

國家圖書館出版品預行編目資料

學習物件導向系統開發的六門課 = Six courses to successful learning the objected oriented information system developed / 曹永忠 , 許智誠著 . -- 第一版 . -- 臺北市：崧燁文化事業有限公司 , 2022.03
　面；　公分
POD 版
ISBN 978-626-332-098-7(平裝)
1.CST: 物件導向 2.CST: 軟體研發
312.2　　111001416

定　　價：250 元

發行日期：2022 年 3 月第一版

◎本書以 POD 印製

官網

臉書